图7-5 伊顿十二色相环

图7-6 二十四色相环

图7-7 补色搭配180°

图7-8

图7-9 中度色搭配90°

图7-10 类似色搭配60°

彩图集锦

图7-11 相近色搭配30°　　　　　图7-12 同色系搭配0°

图7-13 颜色搭配案例　　　　　来源：ps视觉教程。

```
In [1]: import matplotlib.pyplot as plt

In [2]: import numpy as np

In [3]: np.random.seed(19680801)
        N = 100
        r0 = 0.6
        x = 0.9 * np.random.rand(N)
        y = 0.9 * np.random.rand(N)
        area = (20 * np.random.rand(N))**2   # 0 to 10 point radii
        c = np.sqrt(area)
        r = np.sqrt(x ** 2 + y ** 2)
        area1 = np.ma.masked_where(r < r0, area)
        area2 = np.ma.masked_where(r >= r0, area)
        plt.scatter(x, y, s=area1, marker='^', c=c)
        plt.scatter(x, y, s=area2, marker='o', c=c)
        # Show the boundary between the regions:
        theta = np.arange(0, np.pi / 2, 0.01)
        plt.plot(r0 * np.cos(theta), r0 * np.sin(theta))

Out[3]: [<matplotlib.lines.Line2D at 0x8341a0f280>]
```

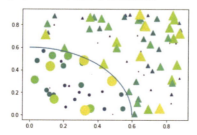

图7-15 散点图

AI小科学家系列丛书

人工智能
数据素养

孙越 龚超 袁中果 等/编著

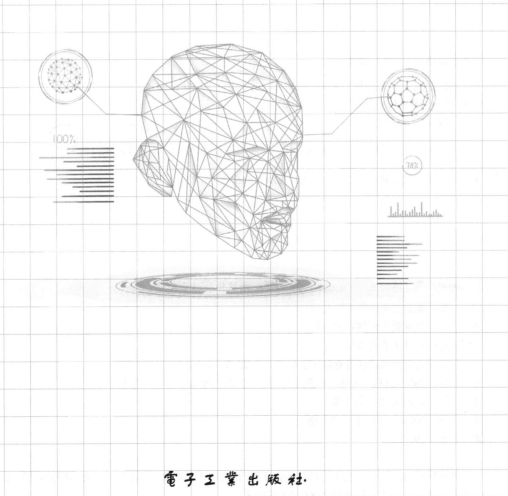

电子工业出版社
Publishing House of Electronics Industry
北京·BEIJING

内 容 简 介

数据作为一种新型生产要素，在未来的社会发展过程中将扮演越来越重要的角色，提升数据素养将有助于促进中国人工智能后备人才的高质量发展。本书以人工智能下的大数据时代为背景，从数据素养、数据分析基础、统计分析、机器学习几个维度全面系统地介绍了如何探索数据、整理数据和分析数据。本书没有给出晦涩难懂的数学公式，也不涉及复杂烦琐的程序代码，而是在阐述基本原理的基础上，辅以简洁的 Python 程序，让读者能够快速入门，提升个人的数据综合素养。

本书不但适合对人工智能涉及的数据分析相关内容具有强烈兴趣的初学者阅读，而且可以作为对人工智能感兴趣的高中生的学习参考用书，同时可以为所有想提升自身数据素养并逐步深入了解数据科学知识的读者提供参考。

未经许可，不得以任何方式复制或抄袭本书之部分或全部内容。
版权所有，侵权必究。

图书在版编目（CIP）数据

人工智能数据素养 / 孙越等编著. —北京：电子工业出版社，2023.1
（AI 小科学家系列丛书）
ISBN 978-7-121-44423-4

Ⅰ. ①人… Ⅱ. ①孙… Ⅲ. ①人工智能—应用—数据处理 Ⅳ. ①TP18②TP274

中国版本图书馆 CIP 数据核字（2022）第 191546 号

责任编辑：李　冰　　　　　　　文字编辑：张梦菲
印　　刷：北京建宏印刷有限公司
装　　订：北京建宏印刷有限公司
出版发行：电子工业出版社
　　　　　北京市海淀区万寿路 173 信箱　邮编：100036
开　　本：787×1 092　1/16　印张：17.25　字数：386.4 千字　彩插：1
版　　次：2023 年 1 月第 1 版
印　　次：2025 年 3 月第 3 次印刷
定　　价：89.00 元

凡所购买电子工业出版社图书有缺损问题，请向购买书店调换。若书店售缺，请与本社发行部联系，联系及邮购电话：（010）88254888，88258888。

质量投诉请发邮件至 zlts@phei.com.cn，盗版侵权举报请发邮件至 dbqq@phei.com.cn。
本书咨询联系方式：libing@phei.com.cn。

丛书编委会

顾　问：

刘　伟（中国人民大学）　　　　　　戴琼海（清华大学）

朱信凯（中国人民大学）　　　　　　王国胤（重庆邮电大学）

肖　俊（中国科学院大学）　　　　　李有毅（北京市第十二中学）

主　编：

刘小惠（中国人民大学附属中学）

执行主编：

袁中果（中国人民大学附属中学）　　龚　超（清华大学）

编　委（按姓氏拼音排序）：

常　青（中国人民大学附属中学）　　高　跃（清华大学）

高永梅（北京市十一学校）　　　　　谷多玉（中国人民大学附属中学）

韩思瑶（北京市十一学校）　　　　　黄秉刚（深圳市龙华区未来教育研究院）

李志新（北京市第十二中学）　　　　梁　霄（中国人民大学附属中学）

刘峡壁（北京理工大学）　　　　　　卢靖华（中国人民大学附属中学）

罗定生（北京大学）　　　　　　　　任思国（北京未来基因教育科技有限公司）

任　赟（北京市第十二中学）　　　　孙　越（上海外国语大学附属龙岗学校）

王　冀（西北工业大学）　　　　　　温婷婷（中国人民大学附属中学）

武　迪（中国人民大学附属中学）　　奚　骏（上海市复兴高级中学）

严立超（香港中文大学深圳研究院）　燕　斐（UWEE 欧美亚教育联盟）

杨　华（北京未来基因教育科技有限公司）　袁继平（中国人民大学附属中学）

曾　琦（国家信息中心）　　　　　　张　思（中国人民大学附属中学）

郑子杰（北京市十一学校）

本书编委会

(按姓氏拼音排序)

甘新忠　龚　超　贾海法　刘学军　普建敏
宋倩倩　孙　越　佟松龄　王　冀　乌　兰
袁　元　袁中果　张孜勉　周兴权　邹天翔

前言

虽然本书的目标读者为具有一定数学基础与 Python 编程基础的中学生，但是实际上也适合对人工智能涉及的数据分析相关内容具有强烈兴趣的学者阅读，同时可以为所有想提升自身数据素养并逐步深入了解数据科学知识的读者提供参考。

目前，市面上已经出版了许多中小学人工智能教学用书，对于是否有必要组织老师们编撰这本书，在研讨阶段我心有疑惑。在同龚超博士及袁中果博士交流后，我了解到，对于人工智能数据素养，市面上还没有太多涉及这方面内容的图书。本书是由电子工业出版社和中国人工智能学会共同支持出版的公益书籍，我受中国人工智能学会中小学工作委员会袁中果秘书长的委托，负责本书的编撰协调工作。参与编著本书的老师既有来自云南省临沧市的信息技术专业的老师，也有来自北京市、上海市、广东省、河北省的信息技术专业的老师，中国人工智能学会的暑期公益课程令大家汇聚一堂。

2021 年暑假，当我接到编著本书的任务时，认为面临很多挑战。在筹备阶段，我们建立了对应的微信工作群，在龚超博士的支持下对本书的整体结构进行了讨论，梳理并确定了如下写作分工。

- 第 1 章、第 4 章、第 11 章、第 12 章：中国人工智能学会中小学工作委员会的龚超博士。西北工业大学计算机学院助理教授王冀、联通数字科技有限公司张孜勉博士、中国人民大学附属中学佟松龄老师对该部分内容提出了一些建设性的意见。
- 第 2 章：云南省临沧市凤庆县第三完全中学的普建敏老师和中国人民大学附属中学第二分校的乌兰老师。
- 第 3 章：云南省临沧市凤庆县营盘中学的甘新忠老师。
- 第 5 章：河北省石家庄市第四十中学的贾海法老师。
- 第 6 章：北京市未来基因人工智能研究院的袁元老师。
- 第 7 章：广东省深圳市龙岗区华中师大附属龙园学校的宋倩倩老师。

- 第 8 章：上海市上海外国语大学附属外国语学校东校的邹天翔老师。
- 第 9 章：北京交通大学附属中学的刘学军老师。
- 第 10 章：云南省临沧市凤庆县第三完全中学的普建敏老师。
- 第 13 章：广东省深圳市龙岗区上海外国语大学附属龙岗学校的周兴权老师。

在之后两周左右的时间里，大家共同讨论并逐步完善了符合本书定位的二级及三级目录结构。在确定了目录结构、编写规范之后，大家正式进入了编撰阶段，通过将近六周的时间汇总出了初稿。其间恰逢我的"孙越名师工作室"开展线上专家讲座活动，我积极邀请了所有编写成员参与其中，了解上海信息化教育的发展现状。通过交流，我们进一步明确了中小学人工智能教育的发展方向，这对后期书稿的修改大有裨益。

由于大家来自不同的省市，教师水平参差不齐，本书初稿的不同章节在编撰水平、书写风格和编写方式上存在较大差异。于是，我们对内容再次进行梳理并制定了新的统一编写规范，同时针对错误之处进行二次修改。在修改并汇总第 2 稿的过程中，我们也发现不同省市在一些基础理论的认知上存在差异。此时，北京市、上海市的老师纷纷伸出援手，帮助云南省和广东省的老师共同进行内容改进与提升，历时 1 个月形成了第 2 稿。

之后，我们又对全文进行了大规模调整，调整后的书稿基本达到了出版的要求。在这次调整过程中，我们发现一些图表、代码的细节仍存在些许差异，于是又邀请了深圳中学龙岗初级中学的杨雯雯老师帮助我们深度校稿、修订，形成了第 3 稿。

编撰工作持续到 2021 年 11 月初，我们完成了第 4 稿，整本书基本形成了统一的风格。接着，我们又有幸邀请到上海市电化教育馆的秦红斌老师进行审稿，协助我们进行更准确的定位。

在 4 个多月的编撰过程中，大家在面对困难的时候，有勇于挑战的，也有选择放弃的。选择勇于挑战的老师在编撰工作中提升了自己的信息化专业能力，对计算思维、数据思维、人工智能教学等都产生了新的认知。同时，在这些日子里，编撰老师们也结成了深厚的友谊。

读者在阅读本书时可能会发现不同章节的内容在难度上有较大差别，这是由于之前我们所提到的，编撰教师来自不同省市，在专业能力上存在一定差别，还请各位读者见谅。

本书是中国人工智能学会和电子工业出版社共同出版的公益书籍，能完成本次书稿编撰，对于很多老师来说就是成功。我们希望本书能够促使更多东西部地区的老师参与中国中小学人工智能教育，并且通过互联网教研、在线专家讲座等低成本方式，进一步提高自己的学科专业能力。中西部地区、沿海地区与北上广三地的老师共同进步，为中国中小学人工智能教育贡献自己的力量。

本书中引用的图片，除特别标注外，均来自网络，鉴于编著者的水平参差不齐，而且在很多情况下无法得知引用照片的原出处，在此统一对原创作者表示感谢。

最后，这本书献给所有参与此书编写工作的老师们，谢谢你们的精诚合作，让我们能够更好地培养孩子们的数据素养。

孙　越

上海外国语大学附属龙岗学校

2022 年 6 月于深圳龙岗

目录 / Contents

第 1 章 人工智能下的大数据时代 ·· 001

  1.1 大数据时代和人工智能 ··· 001
      1.1.1 一切皆为数据 ··· 001
      1.1.2 数据高速增长时代 ··· 002
      1.1.3 利用人工智能掘金大数据 ··· 003
  1.2 人工智能三要素 ··· 004
      1.2.1 数据——AI 之源 ··· 005
      1.2.2 算法——AI 之核 ··· 006
      1.2.3 算力——AI 之驱 ··· 007
  1.3 数据素养 ··· 007
      1.3.1 何为数据素养 ··· 007
      1.3.2 数据素养为何重要 ··· 010
      1.3.3 如何提升数据素养 ··· 011
  1.4 本章小结 ··· 012

第 2 章 Python 数据分析基础 ·· 013

  2.1 Python 基础 ·· 013
      2.1.1 Python 简介 ·· 013
      2.1.2 Python 数据类型 ·· 017
      2.1.3 常用的操作、函数和方法 ··· 021
      2.1.4 列表、元组、字典 ··· 024
      2.1.5 顺序结构 ··· 027
      2.1.6 分支结构 ··· 027
      2.1.7 循环结构 ··· 030

2.2 Python 数据分析环境 ·· 032
    2.2.1 使用 pip 安装数据分析相关库 ··· 032
    2.2.2 安装 Anaconda ··· 033
2.3 Python 数据分析相关库 ··· 033
    2.3.1 NumPy 库 ·· 033
    2.3.2 Matplotlib 库 ··· 034
    2.3.3 SciPy 库 ··· 035
    2.3.4 Pandas 库 ·· 036
    2.3.5 xlrd 库 ·· 036
    2.3.6 PyMySQL 库 ··· 037
    2.3.7 其他数据分析相关库 ··· 037
2.4 本章小结 ·· 038

第 3 章 Jupyter 环境的使用 ···039

3.1 Jupyter Notebook 概述 ··· 039
    3.1.1 Jupyter Notebook 简介及优点 ··· 039
    3.1.2 Jupyter Notebook 开发环境的搭建 ······································ 039
    3.1.3 使用 pip 命令安装 ·· 044
3.2 认识 Jupyter Notebook ··· 044
    3.2.1 认识 Files、Running、Clusters 页面 ····································· 044
    3.2.2 认识 Jupyter Notebook 的主页面 ··· 046
3.3 新建、运行、保存 Jupyter Notebook 文件 ·························· 048
    3.3.1 新建一个 Jupyter Notebook ··· 048
    3.3.2 运行代码 ··· 049
    3.3.3 重命名 Jupyter Notebook 文件 ·· 049
    3.3.4 保存 Jupyter Notebook 文件 ·· 050
3.4 处理不同类型的数据 ·· 050
    3.4.1 处理 txt 文件 ·· 050
    3.4.2 处理 CSV 文件 ·· 052
    3.4.3 处理 Excel 文件 ·· 053
    3.4.4 处理 sql 文件 ·· 053

3.5 在 Markdown 中使用 LaTeX 输入数学公式 ··················054
    3.5.1 使用 LaTeX 输入一个数学公式 ··················054
    3.5.2 LaTeX 的两种公式格式 ··················055
    3.5.3 常用数学公式的写法 ··················056
3.6 Jupyter Notebook 应用实例解析 ··················058
    3.6.1 实例一：能力六维雷达图的绘制 ··················058
    3.6.2 实例二：词频统计 ··················059
3.7 本章小结 ··················060

第 4 章 探索数据 ··················062

4.1 走进数据的世界 ··················062
    4.1.1 定义数据 ··················062
    4.1.2 数据的分类 ··················063
    4.1.3 深挖数据的四种能力 ··················065
    4.1.4 善用指标分析问题 ··················067
4.2 数据的评估 ··················069
    4.2.1 指标真的可靠吗 ··················069
    4.2.2 统计数据会"说谎" ··················071
4.3 数据怎么用 ··················072
    4.3.1 数据清洗 ··················072
    4.3.2 数据的标准化 ··················076
4.4 本章小结 ··················078

第 5 章 描述统计 ··················079

5.1 数据集中趋势 ··················079
    5.1.1 均值的定义与应用 ··················079
    5.1.2 中位数的定义与应用 ··················081
    5.1.3 众数的定义与应用 ··················083
    5.1.4 案例分析 ··················085
5.2 数据离散程度 ··················087
    5.2.1 极差的定义与应用 ··················088

5.2.2　方差的定义与应用 ·· 090
5.3　本章小结 ·· 091

第6章　推断统计 ···092

6.1　基础知识要点 ·· 092
　　6.1.1　排列与组合 ··· 092
　　6.1.2　随机事件及其概率 ·· 095
6.2　概率分布及其特征 ·· 095
　　6.2.1　二项分布 ··· 096
　　6.2.2　正态分布 ··· 098
6.3　统计量 ··· 104
　　6.3.1　总体与样本 ··· 105
　　6.3.2　参数估计 ··· 109
　　6.3.3　假设检验 ··· 112
6.4　本章小结 ·· 116

第7章　数据可视化 ···117

7.1　什么是数据可视化 ·· 117
　　7.1.1　数据可视化的定义和意义 ····································· 117
　　7.1.2　数据可视化的发展历史 ·· 118
7.2　图形对象与元素 ··· 119
　　7.2.1　如何建立坐标系 ··· 121
　　7.2.2　如何设置坐标轴的文本和图例 ······························· 122
7.3　可视化色彩的运用原理 ·· 123
　　7.3.1　RGB颜色模式 ·· 123
　　7.3.2　HSL颜色模式 ·· 124
　　7.3.3　颜色搭配的技巧和案例 ·· 124
7.4　图表的基本类型 ··· 126
　　7.4.1　如何绘制柱形图 ··· 126
　　7.4.2　如何绘制散点图 ··· 127
　　7.4.3　如何绘制饼形图 ··· 129

7.4.4 如何绘制折线图 130
7.5 数据分析及可视化案例 132
  7.5.1 数据可视化经典案例 132
  7.5.2 非结构化数据的可视化案例 132
7.6 常见的数据可视化流程 133
7.7 本章小结 133

第8章 NumPy 数组

8.1 NumPy 库简介 134
8.2 NumPy 数组的生成 134
  8.2.1 生成一般数组 135
  8.2.2 生成特殊数组 136
  8.2.3 生成随机数组 138
8.3 NumPy 数组基础 140
  8.3.1 NumPy 数组的基本属性 140
  8.3.2 数组索引：获取单个元素 141
  8.3.3 数组切片：获取子数组 141
8.4 NumPy 数组重塑 143
  8.4.1 NumPy 数组的变形 144
  8.4.2 NumPy 数组的转置和换轴 144
  8.4.3 NumPy 数组的拼接与分裂 146
8.5 NumPy 库中的线性代数 147
  8.5.1 矩阵乘法 147
  8.5.2 行列式 148
  8.5.3 求线性方程的解 148
8.6 通用函数 150
  8.6.1 一元通用函数 150
  8.6.2 二元通用函数 150
  8.6.3 广播 152
8.7 常用的数据分析函数 154
  8.7.1 条件函数 154

        8.7.2 聚合函数 …………………………………………………… 154

        8.7.3 快速排序 …………………………………………………… 156

        8.7.4 唯一值与其他集合逻辑 …………………………………… 157

    8.8 本章小结 ………………………………………………………… 158

第9章 时间序列数据 …………………………………………………… 159

    9.1 时间序列的定义及分类 ………………………………………… 159

        9.1.1 时间序列的定义 …………………………………………… 159

        9.1.2 时间序列的分类 …………………………………………… 159

    9.2 时间序列的描述性分析 ………………………………………… 162

        9.2.1 图形描述 …………………………………………………… 162

        9.2.2 增长率分析 ………………………………………………… 163

    9.3 时间序列的预测 ………………………………………………… 164

        9.3.1 确定时间序列成分 ………………………………………… 165

        9.3.2 选择预测方法 ……………………………………………… 166

        9.3.3 预测方法评估 ……………………………………………… 167

    9.4 平稳时间序列的预测 …………………………………………… 169

        9.4.1 简单平均法 ………………………………………………… 169

        9.4.2 移动平均法 ………………………………………………… 170

        9.4.3 指数平滑法 ………………………………………………… 171

    9.5 趋势型和复合型时间序列的预测 ……………………………… 172

        9.5.1 线性趋势预测 ……………………………………………… 172

        9.5.2 非线性趋势预测 …………………………………………… 173

        9.5.3 复合型时间序列的分解预测 ……………………………… 174

    9.6 使用Python处理时间序列数据 ………………………………… 174

        9.6.1 时间序列数据处理工具的选择 …………………………… 175

        9.6.2 时间序列数据的导入 ……………………………………… 175

        9.6.3 时间序列数据预处理 ……………………………………… 176

        9.6.4 时间序列数据处理 ………………………………………… 177

    9.7 本章小结 ………………………………………………………… 185

第10章 文本数据 ... 186

10.1 文本数据的导入 ... 186
- 10.1.1 文本数据与自然语言处理 ... 186
- 10.1.2 分词 ... 187

10.2 文本数据的处理 ... 189
- 10.2.1 文本特征初探 ... 189
- 10.2.2 文本信息的提取 ... 194
- 10.2.3 文本向量化 ... 198

10.3 文本分析的应用 ... 200
- 10.3.1 文本分类 ... 200
- 10.3.2 文本情感分析 ... 201

10.4 本章小结 ... 204

第11章 回归分析 ... 205

11.1 叩响人工智能之门 ... 205
- 11.1.1 人工智能与机器学习 ... 205
- 11.1.2 工欲善其事，必先利其器 ... 208
- 11.1.3 算法，该"出道"了 ... 208

11.2 万朝归宗：线性回归 ... 209
- 11.2.1 一元之道 ... 210
- 11.2.2 从一元到多元 ... 216
- 11.2.3 学习和工作中的线性回归 ... 218

11.3 回归增强术 ... 221
- 11.3.1 非线性回归 ... 221
- 11.3.2 可分类的回归 ... 224
- 11.3.3 能降维的回归 ... 227

11.4 本章小结 ... 228

第12章 聚类分析 ... 229

12.1 数据之眼看聚类 ... 229

	12.1.1	什么是聚类 ·· 229
	12.1.2	人工智能的未来：无监督学习 ·· 231
	12.1.3	距离产生美 ·· 232
12.2	K 均值聚类 ·· 234
	12.2.1	K 均值聚类的思想 ··· 234
	12.2.2	抽丝剥茧 K 均值 ·· 234
	12.2.3	鸢尾花的 K 均值聚类 ·· 238
12.3	案例：数据下的省（区、市）··· 240
	12.3.1	提出问题 ··· 240
	12.3.2	数据获取与处理 ·· 241
	12.3.3	建模分析与结果 ·· 242
12.4	本章小结 ··· 244

第13章 数据素养综合案例 ··· 245

13.1	综合案例一：利用人工智能爬取大数据，轻松掌握股市动态······················· 245
	13.1.1	认识人工智能网络爬虫 ·· 245
	13.1.2	爬取股市大数据，分析需求 ··· 246
	13.1.3	爬取股市大数据案例 ··· 246
13.2	综合案例二：人工智能数据——体型分析 ·· 251
	13.2.1	K 最邻近分类算法原理 ·· 251
	13.2.2	使用 KNN 分类算法对体型进行分类的案例 ·································· 253
13.3	其他案例集 ·· 254
	13.3.1	计算生肖 ··· 254
	13.3.2	猜数游戏 ··· 255
	13.3.3	二维列表排序 ·· 255
	13.3.4	学生信息录入 ·· 255
	13.3.5	打印回文素数（合数）·· 256
	13.3.6	数据库加密 ··· 256
	13.3.7	计算圆台的体积和表面积 ·· 256
13.4	本章小结 ··· 257

第 1 章 人工智能下的大数据时代

1.1 大数据时代和人工智能

1.1.1 一切皆为数据

当你被闹钟叫醒起床时,当你乘坐公交车刷卡时,当你悠闲地在美术馆欣赏世界名画时,当你在音乐厅闭目聆听优雅的乐曲时,当你拿起手机发布一条微博时,当你使用智能手环查看跑步记录时,当你在超市购物时,当你学习或工作了一天后坐在沙发上看着电视时……

在以上场景中,你都在接收和发送数据。在现实生活中,人们无时无刻不被数据包围着。互联网的发展催生了图像、视频、社交信息等大量数据,而数据规模的不断扩大,也带来了存储、分析、搜索、共享、传输、可视化、查询、更新、信息隐私等诸多问题。

与以往的数据相比,如今的大数据呈现出以下 8 个主要特性,如图 1-1 所示。

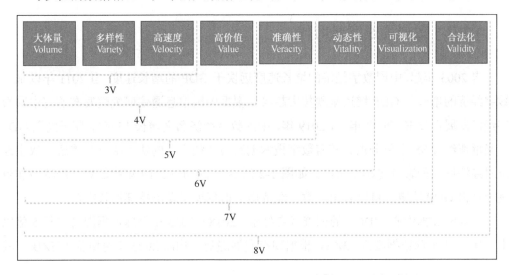

图 1-1 大数据特性图(从 3V 到 8V)

- 大体量（Volume）：人们每时每刻都在上传数据，随着万物互联的时代到来，机械设备、智能家居、智慧城市等也产生了大量数据，数据量呈指数级增长。
- 多样性（Variety）：数据中包含大量的文本、图像、音频、视频，以及路由数据、日志文件等，数据的种类丰富多样。
- 高速度（Velocity）：数据创建、存储、分析的速度越来越快，频次也越来越高，由过去的静态逐步发展转变为现在的实时动态发展。
- 高价值（Value）：大数据的价值很高，是几乎所有企业都想挖掘的"金矿"。
- 准确性（Veracity）：现在，许多数据都由传感器采集，避免了人为或其他原因导致的错误数据，所收集到的数据的准确性大大提升。
- 动态性（Vitality）：数据是动态的，每天都在变化。
- 可视化（Visualization）：对大数据进行分析后，将其以更易于理解的图像方式呈现。
- 合法化（Validity）：强调数据采集与应用的合法性，特别是对个人隐私数据的合理使用。

数据在人们的生活、工作、学习，以及社会的发展中变得越发重要。2017年12月8日，中共中央总书记习近平在中共中央政治局第二次集体学习时指出，要构建以数据为关键要素的数字经济。2020年4月，《中共中央 国务院关于构建更加完善的要素市场化配置体制机制的意见》对外公布，数据作为一种新型生产要素写入文件中，与土地、劳动力、资本、技术等传统要素并列为要素之一。

1.1.2 数据高速增长时代

自2003年起，中国数字经济的增长速度远快于GDP的增长速度。自2011年以来，数字经济的增长与GDP增速呈现拉大趋势。根据中国信息通信研究院发布的《中国数字经济发展白皮书（2020年）》，2019年，中国数字经济名义增长15.6%，高于同期GDP名义增速约7.85个百分点。随着数字技术创新与传统产业的快速融合与渗透，数字经济对经济增长的影响将越发明显。如图1-2所示为2014—2019年中国数字经济增加值规模及占GDP比重，可以看出，数字经济增加值规模呈现出持续增长态势。

互联网数据中心（IDC）的调查报告显示，2018—2025年全球数据圈将增长5倍以上，2018年全球数据圈为33ZB，根据现有发展趋势，预测2025年将增至175ZB[1]。其

---

[1] 全球数据圈是每年被创建、收集或复制的数据集。数据量之间的单位换算为：1KB = 1024B、1MB = 1024KB、1GB = 1024MB、1TB = 1024GB、1PB = 1024TB、1EB = 1024PB、1ZB = 1024EB。

中，中国数据圈增速最为迅速，平均每年的增长速度比全球快 3%，预计中国数据圈将从 2018 年的 7.6ZB 增至 2025 年的 48.6ZB。

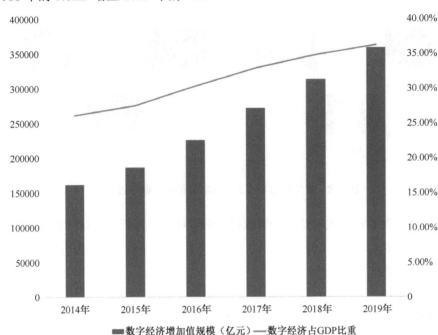

图 1-2　2014—2019 年中国数字经济增加值规模（亿元）及占 GDP 比重

数据来源：中国信息通信研究院。

如此庞大的数据总量和数据增量给深度神经网络的发展及商业落地提供了土壤。近几年，突破性算法出现的次数略有下降，短时间内仍然看不到颠覆性创新理论出现的苗头，因此，人工智能对大数据的依赖这一现实条件在未来的较长一段时间内不会发生改变。

1.1.3　利用人工智能掘金大数据

人类从过往的知识经验中学习，人工智能则从过往的数据中学习。如图 1-3 所示为学生学习与人工智能学习的不同循环过程。

在图 1-3（a）中，学生通过听课学习知识，通过练习尝试运用，通过模拟考试强化理解，最终通过考试检测知识的掌握情况，循环往复、不断迭代，最终学识越来越渊博。

在图 1-3（b）中，人工智能利用数据进行学习。通过对数据进行获取及处理，建立模型，并且通过训练、验证及测试进行迭代。随着数据的不断增多，模型所能给出的结果也会更加精准。

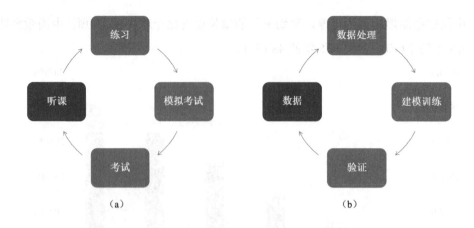

图 1-3 学生学习与人工智能学习的不同循环过程

通常，人工智能的相关算法将分析数据、洞察规律的过程分为如下 8 个部分。
- 定义目标。
- 提出规则。
- 获取数据。
- 构建特征。
- 建立模型。
- 模型训练。
- 测试模型。
- 成功部署。

前 4 个部分需要由专业人士参与完成，后 4 个部分则交由人工智能通过不断优化训练完成。

面对以指数级增长的数据，使用人工智能进行分析尤为必要。海量信息来袭，人们很难像过去那样全面关注全部的内容，并且在分析过程中，很多企业的大数据已变成暗数据（Dark Data）。人工智能的自动学习过程则可以在不改动算法的情况下，实现机器学习的进化。因此，大数据需要通过人工智能算法实现其价值，人工智能模型也需要通过大数据不断学习和完善。

1.2 人工智能三要素

此次人工智能的崛起得益于大数据、算力和算法"三驾马车"并驾齐驱，这三者也被称为人工智能（AI）三要素，如图 1-4 所示。其关系可以简单概括为：数据是源泉，算法是核心，算力是驱动。

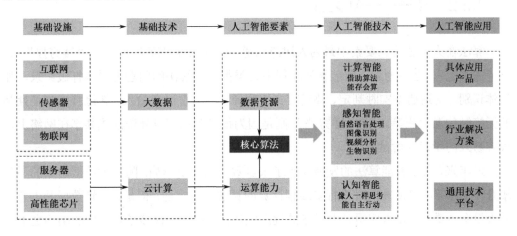

图 1-4 人工智能三要素

资料来源：《AI 生态：人工智能+生态发展战略》。

1.2.1 数据——AI 之源

尽管三要素并驾齐驱，但若要以重要性排序，则数据为先，在三者之中占据最关键的地位。自以深度学习为代表的一系列人工智能产品被研发出来后，整个人工智能产业就离不开数据的支持。这不仅是因为概率统计模型需要扎根于数据，同样也是因为对人工智能产品的优劣判断，在很大程度上也要基于其情境数据进行测试验收。

深度神经网络的算法核心设计始于 20 世纪 60 年代末，但是当时的计算机及可信赖数据都无法满足对这个算法模型进行进一步研究拓展的要求，更遑论落地产业化应用。甚至在很长一段时间内，尝试通过神经网络构建人工智能被视为异想天开。而随着时代的变迁，各行各业的数字化进展逐年加深，数据总量不断上升，这一想法又被重新提上日程。

另外，深度神经网络模型也可以看作一种统计概率模型，这类模型的一大特征就是数据越多、越优质，算法的表现越好。从这一角度来看，只要深度神经网络模型这个核心特征不变，数据，准确来说是优质的大数据，就永远是人工智能三要素的核心。

1.2.2 算法——AI 之核

算法在人工智能三要素中最为人津津乐道，因为它既"高大上"，又"矮穷挫"。说它"高大上"，是因为人工智能算法在很多人类都难以解决的问题上屡屡打破纪录，如物体识别、交通违章实时判定、高精度文字翻译、多语言语音输入、新冠肺炎疫情期间的无接触体温检测等。说它"矮穷挫"，则是因为很多算法都以开源形式共享在网络上，很容易入门学习并尝试。

近年来，人工智能算法的发展受到了来自数据的一定影响。随着大数据总量的不断攀升，并行算法等适合同时进行多线程计算的算法广受欢迎。但是，大量数据并不意味着大量有效数据。随着应用开发场景的逐渐细化，大数据在很多场景条件的制约之下变成小数据，例如，想根据 1000 张厨具照片生成一个厨具识别应用，将开发目的具体化，于是目标变成西餐厨具的识别，此时适合的照片就只剩下 300 张了，假设训练高信赖度模型所需的最少样本数是 500 张，那该项目就一下从大数据变成小数据。类似的情况也催生了很多自生成数据的算法，以期能在数据不足的情况下，有效地扩充训练数据量。也有研究者另辟蹊径，试图使用类似的成品模型进行迁移学习（Transfer Learning），从而通过少量数据实现深度学习[1]。

人工智能的发展催生了很多产业，一些公司会雇用"专业"员工给原始数据贴标签，通过人为加速特定场景的数据增长满足研发需求，这一产业被称为"人工智能数据标注业"。为什么要为专业一词标注引号呢？因为此专业非彼专业。这些员工虽然也从事与人工智能相关的工作，然而只是专业为数据贴标签，做着简单、重复的工作。但这些员工贴标签的正确率却会直接影响日后分析的准确程度，在这个环节中，甚至可能产生人为的伦理问题。

以人工智能为核心的第四次工业革命的发展必然会催生许多新兴领域，这也意味着会产生新兴的数据场景、数据类别。没有不经累积就能实现从无到有的大数据场景，所以面向小数据集的人工智能算法，在未来很长一段时间内将一直是值得研讨的课题方向。

---

[1] 迁移学习是机器学习中的一个研究问题，它侧重于存储在解决一个问题时所获得的知识，并且将其应用于另一个不同但相关的问题。

1.2.3 算力——AI 之驱

不同于算法与数据之间的相互影响,算力的发展相对独立,其主要取决于芯片产业的技术升级。在芯片设计理论没有出现跨越式发展或突破式创新的情况下,提高硬件精度是推动算力升级的主要因素。台积电在 2019 年将芯片工艺精度提升到了 7nm 工艺,iPhone 的处理器 A12 就使用了这一级别的工艺。Apple 在其产品发布会中提到,相比于基于 10nm 工艺的上一代处理器 A11,A12 在 CPU、GPU 功率上提升了 50%的性能,而 A12 的处理能力更是 A11 的 3 倍。

然而,工艺提升不可能无止境,现阶段半导体尺寸的缩小已经接近极限,当前晶体管的三维结构工艺的节点是 7nm,若继续向下突破,所需花费的研发经费会陡增、研发周期会延长。5nm 芯片的技术尚在试行阶段,尽管三星和台积电都发布了关于进一步提升技术精度至 3nm 的研发计划,但技术升级的时间点可能要推迟到 2025 年前后,其对效率提升所起到的作用,相比于数据和算法"两驾马车"仍旧稍显不足。单纯从提高制造工艺的角度寻求突破越发艰难。

因此,很多芯片厂商也在不遗余力地寻找硅的替代材料,期待新材料的更优物理性质能够帮助芯片生产迈向更加精细化的时代,但这不是短期内可以实现的事情。如今的芯片技术在算力方面的贡献更主要体现为精度提升、芯片小型化所带来的场景定制芯片的便利性。根据各行各业在计算方面的特征和需求,生产对应的定制芯片,如擅长语音识别的芯片、擅长图像处理的芯片、兼顾 5G 网络架构的芯片等。

数据、算法、算力是此轮人工智能崛起的三要素,在以人工智能为驱动的第四次产业革命浪潮中,这三要素发展的方向会对人才供给产生巨大的需求压力,在新一代人工智能教育培养中,拥有对这三要素定位的清晰认知,同时不断进行有方向性的教育学习,是适应产业改革时代的不二法门。

1.3 数据素养

1.3.1 何为数据素养

人们在生活、学习和工作中,经常被各种类型的数据包围,这点在人工智能时代背景下尤为突出。但是，这些数据背后的真正含义是什么？人们是怎样设计指标并获取这些数据的？数据真的能够帮助人们洞察事物本质并解决问题吗？人们应该如何解读得出的数据结果？这是许多教师、学生和科研人员经常询问的问题。

其实，不仅是在学界，企业也是如此。笔者在为企业进行数字化转型培训时发现，很多企业在分析与处理数据时，常常出现以下情况。

- 事前一筹莫展，场景转化能力差，不知从何处入手。
- 事中得心应手，数据处理能力强，操作十分娴熟。
- 事后百思不得其解，数据解读能力弱，不知该如何拓展。

这些情况共同反映出一个问题，那就是数据素养（Data Literacy）还有待提升。那么，何为数据素养呢？

一些学者将数据素养定义为阅读、理解、创建和将数据作为信息进行通信的能力。与读写能力一样，数据读写能力也是一个通用概念，它关注的是与数据打交道所需具备的能力。然而，与文本阅读能力不同，数据读写能力还要求掌握阅读和理解数据等技能。也有学者认为，数据素养是指正确理解数据的含义、恰当阅读图表、从数据中得出正确结论，以及识别是否被误导或不恰当地使用了数据的能力。

除了数据素养，还有一些学者提出了数据信息素养（Data Information Literacy）这一概念。他们认为，数据信息素养建立在数据、统计、信息和科学数据素养的基础上，并且将其重新整合为一套新兴技能。其中，统计素养被认为与数据素养最为贴近。统计素养被定义为阅读和解释日常媒体的统计摘要所需具备的能力。

另有一些学者在数据、统计和信息素养方面找到了共同点，他们指出，具有信息素养的学生必须能够批判性地思考概念、主张和论点，并且可以阅读、解释和评估信息。掌握统计知识的学生必须能够批判地思考基本的描述性统计，并且能够分析、解释和评估统计。具有数据素养的学生必须能够访问、操作、总结和呈现数据。基于上述条件，米洛·席尔德（Milo Schield）划分了批判性思维技能的层次：数据素养是统计素养的必要条件，而统计素养也是信息素养的必要条件。

一些研究在讨论数据素养的定义时，主要通过以下 6 个维度展开。

（1）意识：能够对数据进行有效关注。

（2）思维：一种利用数据思考问题的方式。

（3）技能：整理、分析、使用数据并使数据可视化。

（4）洞察：从数据中找寻决策的依据。

（5）伦理：遵守数据伦理，能够批判性地看待数据。

（6）综合：具备上述维度的 2 项或多项。

曹树金等学者认为，数据素养在国内至今仍然没有形成一个公认的准确定义，国外对此也是众说纷纭。笔者认为，数据素养应该是综合的、全面的，不但涵盖从真实世界的数据构建开始到决策并重新迭代的全链条，还包括数据的法律、道德伦理及合理利用等其他重要因素。

因此，数据素养既与信息素养和统计素养有着紧密的联系，又与它们在很大程度上有所不同。结合前人的研究成果，笔者在本书中将数据素养定义为：数据素养是指具备一定的数据思维、数据意识与数据知识，能够敏锐地从场景中构建、获取、处理并分析数据，最终将结果辩证地作为支持决策的信息的一种能力素养。

根据以上定义，可将数据素养划分为以下维度，如表1-1所示。

表1-1 数据素养维度

数据素养维度	内容
数据意识	数据表达意识
	数据敏锐意识
	数据安全意识
	数据法律与伦理道德意识
	数据开源共享意识
数据思维	数据场景构建思维
	数据指标创新思维
	数据量化测度思维
数据知识技能	数据的理论知识
	数据的处理能力
数据评估与决策	利用数据进行评估
	利用数据进行决策

在数据意识这一维度上，数据表达意识是指能够主动利用数据描述问题，表达自己的见解；数据敏锐意识是指对外部环境所涉及的数据的洞察能力及响应速度；数据安全意识是指能够有效保护自己的数据隐私；数据法律与伦理道德意识是指在符合法律及道德伦理的情况下获取并使用数据；数据开源共享意识是指在合法合规的情况下，与他人分享自己的数据成果，共建良好数据生态。

在数据思维这一维度上，数据场景构建思维是指能够将场景转化成以某种数据形式进行描述的思维；数据指标创新思维是指能够在原有指标基础上进行创新，构造出更加合理的、能够支持决策的指标的思维；数据量化测度思维是指能够充分挖掘事物背后的关键信息，以定量的方式呈现问题的特征，并且能够对这种特征进行测度的思维。

在数据知识技能这一维度上，数据的理论知识是指如统计学、大数据、微积分、线性代数及概率等相关理论知识；数据的处理能力则是指在获取、处理、分析并以可视化形式呈现数据时，对所涉及的应用工具的掌握情况，如 Excel、SPSS、R、MATLAB、Hadoop、Python，甚至网络爬虫工具等。

在数据评估与决策这一维度上，利用数据进行评估是指对处理的数据进行多维有效的评估，对数据的获取、处理等各环节进行复盘，评价分析结果；利用数据进行决策是指通过数据做出科学推断及合理解释，使决策更加优化、合理。

总之，此次人工智能再度兴起的重要原因之一就是大数据的发展。随着人工智能技术的不断深入，数据将扮演越来越重要的角色，如在此次抗击新冠肺炎疫情的过程中，大数据就发挥了巨大的作用。在科技不断进步的背景下，数据素养不应仅聚焦在研究层面或仅停留在少数领域中，而是应该推广普及给更多人群，实现全民数据素养提升。

1.3.2 数据素养为何重要

随着人工智能时代的来临，以及大数据等科技力量的不断发展，数据已成为工作、学习和生活的密不可分的组成部分。企业利用数据进行数字化转型，学校通过大数据评估教学，人们的衣食住行无一不与数据挂钩。

如果你是一位决策者，现有 2 位员工向你汇报工作。

- 员工 1：二季度公司营业收入不少，环比增长较多……
- 员工 2：二季度公司实现营业收入 33.17 亿元，环比增长 40.05%……

你认为哪位员工更称职呢？显然，善于利用数据表达的那位员工会让你的印象更深刻。

笔者在《前景理论与决策那些事儿——一本正经的非理性》中曾给出过如下的案例。

日本东京都市的 5 个核心区，某年的人均收入分别为 1023 万日元、848 万日元、736 万日元、501 万日元和 408 万日元，从以上的数据来看，最高年收区群体的平均值为 935.5 万日元，而非高年收区群体的平均值为 548.3 万日元[1]。受经济增长乏力，人口老龄化、少子化及地产业下滑等因素的影响，两年后，上述 5 个核心区的人均收入均减少了 8%，即分别为 941.2 万日元、780.2 万日元、677.1 万日元、460.9 万日元和 375.4 万日元。此时，最高年收区群体中的个体数从 2 个变为 1 个；而非高年收区的个体数从 3 个变为 4 个。最高年收区的平均值为 941.2 万日元，而非高年收区的平均值此时为 573.4 万日元[2]。

1　人均收入在 800 万日元（含）以上，就称其为最高年收区群体，否则称为非高年收区群体。

2　日本东京都中心地带共有 23 个区，称为"东京 23 区"。以上数据来自日本东京都 23 区 2015 年的真实数据，5 个区分别为港区、千代田区、涩谷区、新宿区和江东区。

看完这段含有数据的信息后,对数据敏感的人可能会发现一个问题,即所有个体数值下降,但是两类群体的平均值均有上升。这就是有名的辛普森悖论(Simpson's Paradox),它经常出现在医学等社会科学的学科当中。对数据不敏感的人则可能不会关注到这一反常现象,更不用说思考现象背后的原理。

有一句流传在程序员之间的俏皮话,"爬虫学得好,监狱进得早",描述的就是在数据获取过程中存在的法律、伦理道德问题。随着图像、视频及文本等数据上传越发便利,数据安全的问题也变得更加严峻。一方面,我们要保护好自己的隐私数据不被他人利用,不轻易将密码告诉他人。但人们的自我保护意识依然不够强烈,这使得人脸信息等面部隐私数据依然会被不法分子利用。另一方面,有一些学生,甚至是中学生,因为盗取用户信息受到了法律的严惩。这些都是缺乏数据素养的表现。

笔者在给一些企业管理人员做培训时,会经常强调创建指标的重要性。一些人认为,很多场景其实很复杂,没法用量化的指标衡量。其实不然,在很多情况下,一些复杂的问题可以转化为可衡量的其他问题。

人工智能领域的图灵测试就是符合上述要求的一个案例。1950 年,人工智能之父、英国数学家艾伦·图灵(Alan M. Turing)发表了一篇关于计算机器与智能的文章,文章的第一句就提出"机器会思考吗"(Can machines think?),并且通过模仿游戏(Imitation Game)验证机器能否思考,形成了后来被奉为经典的图灵测试(Turing Test)。

图灵测试的目的就是对机器是否具有智能进行衡量,即如果人们无从得知机器是否能够进行思考,那么是否可以通过将其与另一个结果挂钩来衡量其是否智能呢?通过图灵测试,对智能的测量从原本的问题成功转变成另一个问题。这里需要说明的是,智能到现在都没有形成公认的定义。

再举一个例子。众所周知,在投资中存在收益和风险,收益率作为衡量收益的指标无可厚非,而如何衡量风险却一直争论不断。诺贝尔经济学奖得主哈里·马科维茨(Harry M. Markowitz)利用围绕收益的波动来定义风险,提出了均值-方差模型,被誉为现代投资组合理论之父。方差衡量风险的思想是,既然风险非常复杂,很难说清,那么就干脆使用一种围绕收益率的波动来表示,这就是统计中的方差。利用方差这个指标,他成功实现了对投资风险的量化。

1.3.3 如何提升数据素养

未来,越来越多的场景都会与数据深度融合,这就对人们的数据素养提出了更高的要求。那么,如何提升自身的数据素养呢?

首先,在数据意识层面,要尽可能地尝试使用数据进行表达。这就需要人们多留意身边的数字，不要再说楼层很高，而是要说楼高××米（或××层）。通过多看、多听财经等类新闻，获取最新数据信息，记录关键数字，刻意训练自己对数据的敏锐度。面对一些公开数据，要学会多思考、多质疑。例如，在前面提到的辛普森悖论案例中，许多人仅停留在了对数据的获取上，只有少数人发现了其中的悖论，极少数人解释了这个悖论。对已有的数据要具备充分的隐私保护意识，在防止自己的数据被人利用的同时，也要警惕自身的行为是否侵犯了他人的隐私。

其次，在生活、工作和学习中需要多观察、多思考，想象如何将一些场景以量化的形式构建出来，并且合理设计一些指标来构建这些场景。同时，还需要对指标进行科学合理的测度，因为如果无法对指标进行测度，形成数据，也就无法进一步分析。例如，前面提到的波动是一个指标，但是如何进一步量化呢？这就需要利用统计学中的方差。大家熟知的六西格玛管理也是一种对场景的量化转换。

另外，掌握数据知识和技能必不可少。现在的场景与场景之间联系非常紧密，即便是文科专业的学生，多学习一些数学、统计知识也会有所裨益。例如，2019年，中央音乐学院官网发布消息，首次招收"音乐人工智能与音乐信息科技"方向的博士生。人工智能在很大程度上离不开对数据的处理、分析，而对数据进行处理、分析的程度又离不开对工具的使用，如对前面提到的 Excel、SPSS、R、MATLAB、Hadoop、Python，甚至网络爬虫工具等。熟练掌握这些工具会大大提升处理、分析及解决数据问题的能力。

最后，对已有的数据结果进行合理评估，如多思考数据背后的含义、当时的指标构建是否合理、在指标设计上是否存在疏漏或不合理之处，以及是否存在数据被"操控"的现象，使结论和真实之间相差甚远。在做决策时，需要结合量化的数据分析，避免主观臆断，使决策从多维度进行考量，从而更加合理。

1.4 本章小结

本章首先介绍了在人工智能背景下的大数据时代，以现实生活为切入点，介绍了数据及当今时代数据爆炸的现状。其次，介绍了人工智能三要素：数据、算法及算力，为后续讲解人工智能素养做了铺垫。最后，介绍了数据素养的内涵，并且强调了数据素养的重要性，为读者提升数据素养提供了建议。

第 2 章 Python 数据分析基础

2.1 Python 基础

2.1.1 Python 简介

如今,计算机已经广泛应用于各行各业。计算机能够执行各种程序,完成各种任务,而各种程序语言都是由程序员设计的。

Python 是一种跨平台的计算机程序设计语言,是一种结合了解释性、编译性、互动性和面向对象的高层次的脚本语言。Python 的创始人是荷兰的吉多·范罗苏姆(Guido van Rossum)。1989 年,在荷兰阿姆斯特丹,Guido 为了打发圣诞节,决心开发一个新的脚本解释程序,作为对 ABC 语言的继承。ABC 语言是 Guido 参与设计的一种教学语言,在他看来,ABC 语言非常优美和强大,是专门为非专业程序员设计的。但是 ABC 语言并没有获得成功,究其原因,Guido 认为是其非开放性。于是,Guido 决心在 Python 中避免犯同一错误。同时,他还想在 Python 中实现在 ABC 语言中闪现过但未曾实现的东西。

就这样,Python 在 Guido 手中诞生了。Python(大蟒蛇)这一编程语言的名字,取自英国 20 世纪 70 年代首播的电视喜剧《蒙提·派森的飞行马戏团》(*Monty Python's Flying Circus*)。目前,Python 已经成为广受欢迎的程序设计语言之一。Python 清晰划一的设计风格使其成为一门易读、易维护,并且用途广泛的语言。Python 的设计哲学是优雅、明确、简单。Python 开发者一般会拒绝花哨的语法,而选择明确没有或少有歧义的语法。作为一种解释型脚本语言,Python 可以应用于以下领域。

- Web 和 Internet 开发。
- 科学计算和统计。
- 人工智能。
- 桌面界面开发。
- 软件开发。

- 后端开发。
- 网络爬虫。

Python 的解释器将 Python 的源代码翻译成计算机可以识别的机器语言并执行。从官方网站可以免费下载 Python，然后安装在 Windows、Linux、UNIX、Mac OS X 等操作系统中。Python 的安装界面如图 2-1 所示，在 Windows 系统进行安装时，必须勾选"Add Python 3.7 to PATH"选项。

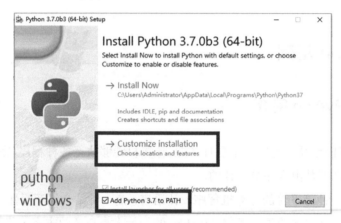

图 2-1　Python 的安装界面

安装路径可以选择默认位置，也可以自定义位置，如图 2-2 所示。

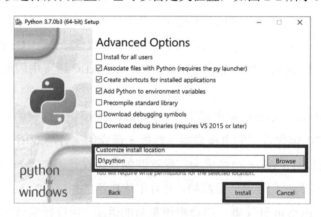

图 2-2　选择自定义位置安装 Python

在安装完毕后，就可以使用集成开发环境来尝试编程了。

集成开发环境（IDE）是专门用于软件开发的程序，其集成了几款专门为软件开发而设计的工具。这些工具通常包括处理代码的编辑器（如语法高亮和自动补全等），构建、执行、调试工具，以及某种形式的源代码控制。

不同的 IDE 各有特点，但都试图实现一个共同的要求，即快速开发可扩展性和可管理的代码。可以根据需求选择适合自己的 IDE。IDLE 是 Python 软件包自带的一个集成开发环境，可以方便地创建、运行、调试 Python 程序。IDLE 是开发 Python 程序的基本 IDE，具备基本的 IDE 功能，是非商业 Python 开发的不错选择。在安装好 Python 后，IDLE 也会自动安装。使用 IDLE 就可以轻松编写出执行 Python 的程序。

另外，常用的 IDE 还有 PyCharm、Spyder、Eclipse+PyDev、Atom、Jupyter Notebook、Sublime Text 等，读者可在今后的学习中再作比较。

下面来编写第一个 Python 程序。

```
print('我是中国人')
```

保存后按键盘上的 F5 键，屏幕将显示如下结果。

```
我是中国人
```

上面的程序非常简单、易于实现，如果之后需要编写非常复杂的代码，那么程序将变得十分复杂、难以理解，此时要如何编写呢？

使用注释就可以给程序添加解释并补充其他信息，让复杂的地方便于理解。在 Python 中，可以使用哈希字符（#）将注释添加在语句上方或末尾处。

```
#机器学习之线性回归
#实例：使用凤庆县某中学八年级部分学生的身高预测体重
import numpy as np
import pandas as pd
import matplotlib.pyplot as plt
from sklearn.linear_model import LinearRegression
#导入 Scikit-Learn 机器学习函数库的线性回归模块
#使用部分学生的身高和体重建立数组
heights=np.array([151,151,152,155,
                  170,152,162,154,
                  164,165])
weights=np.array([40,41,45,45,
                  52,54,49,43,
                  50,50])
#建立 X 解释变量和 y 反应变量的 DataFrame 对象
X=pd.DataFrame(heights,columns=['Height'])
targht=pd.DataFrame(weights,columns=['Weight'])
y=targht['Weight']
#训练预测模型
im=LinearRegression()              #建立 LinearRegression 对象
im.fit(X,y)                        #调用 fit 函数训练模型
print('回归系数:',im.coef_ )
print('截距:',im.intercept_ )
#预测身高为 153cm、163cm、175cm 时的体重，输入新的身高
new_heights=pd.DataFrame(np.array([153,163,171]))
```

```
pre_weights=im.predict(new_heights)    #调用 predict 函数预测新体重
print(pre_weights)
plt.scatter(heights,weights)           #绘制各点散布图
reg_weights=im.predict(X)              #使用 X 解释变量计算预测的 y 值就可以绘制这条蓝色线
plt.plot(heights,reg_weights,color='blue')
plt.plot(new_heights.values,pre_weights,    #接着绘制 3 个预测的新身高
         color='red',marker='o',markersize=10)
plt.show()
```

在 Python 中，对于类定义、函数定义、流程控制语句、异常处理语句等，行尾的冒号和下一行的缩进代表了下一个代码块的开始，而缩进的结束则表示此代码块的结束。无论是手动敲击空格键，还是使用 Tab 键添加空格，在通常情况下都将 4 个空格长度默认为 1 个缩进量（在默认情况下，按 1 次 Tab 键表示添加 4 个空格），如上述代码中 for 语句块的缩进形式。

在 Python 中，变量是存储在内存中的值，这意味着使用变量就会在内存中占有位置，当程序需要存储数据时就需要用到变量，Python 解释器会根据不同的变量类型开辟不同的内存空间存储变量值。在使用变量时，无须提前声明，只需要给变量赋值即可。变量的命名规范如下。

- 变量名可以包含字母、数字、下画线，但是不能以数字开头。
- 变量不能以系统关键字命名。
- 除了下画线，其他符号不能作为变量名称使用。
- 在变量名中要区分字母大小写。
- 在变量名中不允许出现空格字符。

可以通过"="为变量赋值，不过此处的"="与其在数学中的含义不同，在 Python 中，"="是赋值运算符，其左侧声明了一个内存区域中的变量，右侧可以是数字、字符串、变量或表达式。其语法格式为：

```
变量名 = value
```

例如，声明一个数值型变量 Shuz。

```
Shuz = 9999          #创建一个变量 Shuz，给它赋值为 9999
```

变量的类型可以随时变更，也可以重新为变量 Shuz 赋值。同时，允许多个变量指向同一个值，如 num1=num2=100，此时的变量 num1 和 num2 具有相同的内存地址，可以使用 Python 的内置函数 id( ) 返回变量所指的内存地址。

```
num1=100
num2=100
print(id(num1))
print(id(num2))
```

结果如下。

在 Python 中，最常用的运算符是赋值运算符 "="。此外，Python 还提供了复合赋值运算符，如表 2-1 所示。

表 2-1 复合赋值运算符

运算符	运算符描述	实例
+=	加法赋值运算符	a+=b
-=	减法赋值运算符	a-=b
*=	乘法赋值运算符	a*=b
/=	除法赋值运算符	a/=b
%=	取模赋值运算符	a%=b
**=	幂赋值运算符	a**=b
//=	取整赋值运算符	a//=b

使用方式举例如下。
- a=a+b 写为 a+=b。
- a=a-b 写为 a-=b。
- a=a*b 写为 a*=b。

表 2-1 剩余的赋值运算符用法与上述 3 种相同，这种描述方式会使编写出来的代码更为简洁。

2.1.2 Python 数据类型

Python 的常用数据类型有 6 种，分别为数字（Number）、字符串（String）、布尔型（Bool）、列表（List）、元组（Tuple）和字典（Dict）。本节暂介绍前 3 种，即数字、字符串和布尔型。

1．数字

数字数据类型（Number），简称数字，用于存储数值。Python 支持以下 3 种不同的数值类型。

（1）整型（int）：通常被称为整数，是整数或负数，不带小数点。

（2）浮点型（float）：由整数部分与小数部分组成。

（3）复数（complex）：由实数部分和虚数部分组成，可使用 a+bj 或 complex(a,b)来表示，复数的实部 a 和虚部 b 都是浮点型。

Python 同样支持使用算术运算符，如表 2-2 所示。

表 2-2 算术运算符

运算符	运算符描述
+	加法运算符
-	减法运算符
*	乘法运算符
/	除法运算符
**	幂运算符

算术运算符与数学运算一样，遵循运算的优先顺序，即先幂后乘除，最后加减。若优先级相同，则按照从左到右的顺序执行。另外，在 Python 运算中，不存在大括号与中括号，只有圆括号()，且圆括号内的运算优先执行。例如：

a=(10-8)+10-1+2**3/1*2

读者在计算上述列式后如果得出 27，说明已经掌握了 Python 的算术运算符。如果未能得出这一结果，则可先对照下列步骤重新检查自己的运算过程。

- 先计算圆括号内的内容。
- 幂运算。
- 乘除（从左到右）。
- 加减（从左到右）。

2. 字符串

字符串（String）是在 Python 中最常用的数据类型。

双引号（""）或单引号（' '）中的数据就是字符串。字符串可以是字母、符号和数字，也可以是计算机所能够表示的一切字符的集合。单字符在 Python 中也可作为一个字符串使用。

字符串可以拼接起来形成串联，拼接字符串的常用运算符有 2 种，如表 2-3 所示。

表 2-3 拼接字符串的常用运算符

运算符	运算符描述
+	串联运算符
+=	串联赋值运算符

通过以下示例对拼接字符串的运算符进行简要说明。

a='我'

```
b='爱我的祖国'
print(a+b)
print('--------------------------')
a='我是一名初中信息技术教师,'
a+='在凤庆县某中学'
print(a)
```
运行代码后,输出结果如下。
```
我爱我的祖国
--------------------------
我是一名初中信息技术教师,在凤庆县某中学
```

3. 布尔型

布尔数据类型(Bool),简称布尔型,用来表示真或假的值,通常用于条件判断和循环语句。布尔型提供了 2 个布尔值来表示真(对)或假(错),在 Python 中分别对应 True(真或对)或 False(假或错)。True 和 False 是 Python 的关键字,其中,True 对应数值 1,False 对应数值 0(其实任何对象都可以转成布尔型,也可以直接用于条件判断,所有非 0 数值都可以当作 True 处理)。

布尔表达式需要先进行判断,然后回答"是"或"否"。Python 提供了比较运算符,如表 2-4 所示。

表 2-4 比较运算符

运算符	运算符描述
==	相等
!=	不相等
>	大于
<	小于
>=	大于等于
<=	小于等于

这时,请思考以下 2 个问题。

- a 和 b,分别赋值为 8,此时 a 等于 b 吗?
- x 和 y,分别赋值为 1 和 8,此时 x 大于等于 y 吗?

上述 2 个问题的代码编写如下。
```
a=8
b=8
print(a==b)
print('--------------------------------')
```

```
x=1
y=8
print(x>=y)
```

计算机在判断后，将给出答案 True 或 False。

```
True
---------------------------------
False
```

初学者应注意的是，赋值运算符"="和比较运算符"=="存在本质区别！布尔表达式比较复杂（复合布尔表达式），使用逻辑运算符相连。那么，逻辑运算符又有哪些呢？如表 2-5 所示。

表 2-5 逻辑运算符

逻辑运算符	含义	基本格式	运算符描述
and	逻辑与运算	a and b	当 a 和 b 两个表达式均为 True 时，a and b 的结果才为 True，否则为 False
or	逻辑或运算	a or b	当 a 和 b 两个表达式均为 False 时，a or b 的结果才是 False，否则为 True
not	逻辑非运算	not a	如果 a 为 True，那么 not a 的结果为 False；如果 a 为 False，那么 not a 的结果为 True。相当于对 a 取反

以下为逻辑运算符的演示代码，读者可以先自行对这 3 个复合布尔表达式进行判断。

```
x=6
y=7
z=10
L=x<y and z>y
print(L)
print('--------------------------')
m1='中国'
m2='美国'
T=(m1=='中国' or m2=='中国')
print(T)
print('--------------------------')
name='欧洲'
F=(not name=='欧洲')
print(F)
```

计算机输出的结果如下。

```
True
--------------------------
True
--------------------------
False
```

如果自我判断的结果与计算机输出的结果相同,说明已基本掌握了逻辑运算符的相关知识。另外,运算符是有顺序的,其优先级顺序如表 2-6 所示。

表 2-6　运算符的优先级顺序

运算符说明	Python 运算符	优先级顺序
小括号	( )	高 ↓ 低
幂	**	
乘除	*、/、//、%	
加减	+、-	
比较运算符	==、!=、>、>=、<、<=	
逻辑非	not	
逻辑与	and	
逻辑或	or	

2.1.3　常用的操作、函数和方法

Python 作为一门编程语言,其可读性非常高,初学者在学习后可以调用许多内置的函数和方法,提高工作效率。下面先介绍一些有关数字的常用函数。

- int(x):将 x 转换为整数。
- float(x):将 x 转换为浮点数。
- max(x, y, z, ⋯):返回给定参数的最大值。
- min(x, y, z, ⋯):返回给定参数的最小值。

使用函数操作演示如下。

```
a=9.9
b='9'
print(int(a))
print(int(b))
print('---------------------------')
a='6.6'
b='9.9'
x1=a+b
x2=float(a)+float(b)
print(x1)
print(x2)
print('---------------------------')
a=12
```

```
b=-9
c=90
d=99
m1=max(a,b,c,d)
m2=max(12,-9,90,99)
m3=min(a,b,c,d)
m4=min(12,-9,90,99)
print(m1)
print(m2)
print(m3)
print(m4)
```

读者可自行编写代码，对比自己的运行结果是否与下方运行结果相同。

```
9
9
---------------------------
6.69.9
16.5
---------------------------
99
99
-9
-9
```

接下来介绍求和函数 fsum()，此函数不同于前 4 个函数，使用时需要导入 math 库。

```
import math

x=(10,20,30,100,1000)
print(math.fsum(x))
```

math 库是 Python 提供的内置数学类函数库，不支持复数类型，其中包含了 4 个数学常数和 44 个函数。44 个函数分为 4 类，包括 16 个数值表示函数、8 个幂对数函数、16 个三角对数函数和 4 个高等特殊函数。感兴趣的读者可自行深入研究。

介绍完关于数字的常用操作，现在来介绍关于字符串的操作。

字符串是计算机所能够表示的一切字符的集合，字符串中的字符排列遵循一定的顺序，如果改变了字符顺序，就会形成新的字符串。例如，字符串"我是中国人"，如果改成"中国人是我"，就成了新的字符串，而不是原来的了，这是一种有序排列。

Python 字符串就是不可改变字符顺序的有序排列，通过索引（index）可以获取其中的数据元素。

- 正向索引：在 Python 中的字符串，第一个字符所在的位置是 0，第二个字符所在的位置是 1，以此类推。

- 反向索引：从-1开始，-1代表最后一个，-2代表倒数第二个，以此类推。

请注意，空格也是字符！

输入"我是一个中国人 我热爱我的祖国 也热爱地球母亲！"，以如下方式索引字符串中的数据元素。

```
a='我是一个中国人 我热爱我的祖国 也热爱地球母亲！'
print(a[6])
print(a[7])
print(a[-3])
```

代码运行结果如下。

人

母

可以看到，print(a[7])（正向索引的第7位）所对应的位置显示出来就是1个空格。

另一种常用的字符串操作是切片（Slice），即从字符串序列中选取相应的元素组成一个新的字符串序列。切片使用的语法为：

s[(开始索引): (结束索引): (步长)]:

- 开始索引就是切片切下的位置，0代表第一个元素，1代表第二个元素，-1代表最后一个元素。
- 结束索引就是切片终止索引（但不包含终止点）。
- 步长是指在每次获取完当前元素后，切片移动的方向和偏移量，默认为1。当步长为正整数时，取正向切片；当步长为负整数时，取反向切片。

请注意，索引元素和切片元素都必须使用方括号[ ]。

读者可以通过如下代码自行尝试。需要说明的是，切片是在序列中选取某个范围内的元素的机制，列表和元组也可以进行切片。

```
a='我是一个中国人,我热爱祖国,热爱人类,热爱地球'
print(a[0:7])
print(a[:7])
print(a[6:9])
print(a[0:])
print(a[:])
print(a[0:0])
print(a[3:1])
print(a[0:22:3])
print(a[::2])
print(a[::-1])
```

关于字符串操作，还有如下4个常用函数和方法，感兴趣的读者可以自行尝试，这里不再赘述。

- len(x)函数：字符计数。
- str(x)函数：把一个数字转换成一个字符串。
- subject.upper()方法：转换成大写字符串。
- subject.lower()方法：转换成小写字符串。

2.1.4 列表、元组、字典

在 2.1.2 节中已经介绍过 Python 的常用数据类型，如数字（Number）、字符串（String）、布尔型（Bool），本节将介绍另外 3 种常用数据类型：列表（List）、元组（Tuple）、字典（Dict）。

在 Python 中，我们既需要通过独立变量来保存数据，也需要通过序列来保存大量数据。在内存中，序列就是一块用来存放多个值的连续的内存空间。在 Python 中，常用的序列结构包括列表、元组、字典等。

1. 列表

列表（List）是用于存储任意数目、任意类型的数据集合。

列表是内置的可变序列，是包含多个元素的有序且连续的内存空间。列表是可变的，可以更改其中的元素的值，也可以添加或删除其中的新元素。可以直接对列表 a1 进行赋值，并修改指定位置的数值，代码如下。

```
a1=[10,20,30,40,50,60]
a1[0]=11
print(a1)
```

在列表 a1 中保存了 6 个数字，我们使用 2.1.3 节所提到的字符串的索引方式更改第一个元素的值，代码执行结果如下。

```
[11,20,30,40,50,60]
```

可以看出，第一个元素已经被更改了，列表的索引也是从 0 开始编号的。在列表 a1 中，最后一个元素 60 的索引编号是 5。列表中最后一个元素的索引编号等于列表元素的总个数减 1。

除了像列表 a1 一样将使用逗号分隔的值放在方括号中，并且为列表中的元素直接赋值，还有 3 种方法可创建列表。

（1）为列表直接添加元素（将使用逗号分隔的值放在方括号中）。

（2）在内存中预留位置，然后添加元素（list1=[None]*sz），方法如下。

```
a1=[None]*6
```

```
a1[0]=10
a1[1]=20
a1[2]=30
a1[3]=40
a1[4]=50
a1[5]=60
```

代码执行结果如下。

```
[10,20,30,40,50,60]
```

(3) 创建空列表，使用 append() 方法添加元素。

```
a1=[]

a1.append(10)
a1.append(20)
a1.append(30)
a1.append(40)
a1.append(50)
a1.append(60)
```

代码执行结果如下。

```
[10,20,30,40,50,60]
```

这 3 种创建列表的方法在未来的操作中将会起到非常重要的作用。

接下来介绍 del 语句，其可用于删除列表中指定位置的元素，例如：

```
a1=[10,20,30,40,50,60]
del  a1[3]
print(a1)
```

读者输入代码并执行后会发现，元素 30 已被删除。

2. 元组

元组（Tuple）是不可变序列，元组中的元素不能修改，这是它与列表的不同之处。

元组没有能够增加、修改、删除元素的方法。如果想要创建一个元组，必须将使用逗号分隔的元素放入圆括号中。

```
a1=(10,20,30,40,50,60)
print(a1)
```

代码执行结果如下。

```
(10,20,30,40,50,60)
```

函数 list() 可以接收字符串、元组等其他序列、迭代器等生成列表。函数 tuple() 可以接收字符串、列表等其他序列、迭代器等生成元组。

```
a1=list(range(10))
print(a1)
```

```
print('-----------------------------')
a2=tuple(range(10))
print(a2)
```

函数 range()返回可迭代对象，函数 list()和函数 tuple()是对象迭代器，可以把函数 range()返回的可迭代对象分别转化为一个列表和一个元组，代码执行结果如下。

```
[0,1,2,3,4,5,6,7,8,9]
-----------------------------
(0,1,2,3,4,5,6,7,8,9)
```

3. 字典

字典（Dict）用于存放具有映射关系的数据。

字典相当于保存了两组数据，其中一组是关键数据，被称为键（Key）；另一组数据可通过键来访问，被称为值（Value）。例如，姓名：小明，民族：汉族。作为键的数据和作为值的数据是互相关联的。字典其实是"键值对"的无序可变序列，在字典中，每个元素都是一个"键值对"，可以通过键快速获取、删除、更新对应的值。键是任意的不可变数据，并且不可重复，而值可以是任意且可重复的数据。

使用大括号建立字典，并且根据键访问字典中的元素，同时为字典中某个元素重新赋值。

```
a1={'t1':10,'t2':20,'t3':30,'t4':40,'t5':50,'t6':60}
print(a1)
print(a1['t6'])
print()
a1['t5']=999
print(a1)
```

代码执行结果如下。

```
{'t1':10,'t2':20,'t3':30,'t4':40,'t5':50,'t6':60}
60

{'t1':10,'t2':20,'t3':30,'t4':40,'t5':999,'t6':60}
```

这里补充说明一点，在字典中，可以使用键访问值和修改值。

创建字典的方法有 3 种：①直接使用函数 dict()创建；②先使用函数 dict()创建空字典，然后利用映射函数 zip()构造字典；③先使用函数 dict()创建空字典，然后利用可迭代对象构造字典，具体如下。

```
dict()
a1=dict(t1=10,t2=20,t3=30)
print(a1)
print('-----------------------------')
```

```
dict()
a2=dict(zip(['t1','t2','t3'],[10,20,30]))
print(a1)
print('--------------------------------')
dict()
a3=dict([('t1',10),('t2',20),('t3',30)])
print(a3)
```

代码执行结果如下。

```
{'t1':10,'t2':20,'t3':30}
--------------------------------
{'t1':10,'t2':20,'t3':30}
--------------------------------
{'t1':10,'t2':20,'t3':30}
```

受篇幅所限，列表、元组、字典的内容无法全面展开，感兴趣的读者可搜索相关资料自行扩展学习。

2.1.5 顺序结构

目前为止，读者看到的代码都是按照它们出现在程序中的顺序执行的，这种程序结构叫作顺序结构。顺序结构是流程控制中最简单的一种结构，也是最基本的一种结构，如图 2-3 所示。

图 2-3 顺序结构

Python 顺序结构就是指程序按照从头到尾的顺序依次执行每一条代码，不重复执行任何语句代码，也不跳过任何语句代码。

2.1.6 分支结构

分支结构即选择结构，是在对事件进行判断时产生的选择分支，其中只有一个分支会被执行。在 Python 中，可以使用 if、elif 和 else 关键字构造分支结构，一般分为以下 3 类。

1. 单分支结构

在单分支结构中只存在 if 分支，这是最简单的分支结构，如图 2-4 所示。

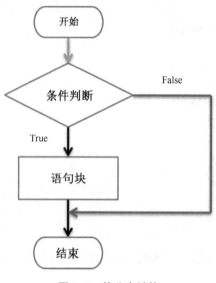

图 2-4　单分支结构

单分支结构只执行 True 路径上的语句块，False 路径上没有语句块，示例代码如下。

```
nl=int(input('您的年龄：'))

if nl>35：
    print('您的条件不符合，我们需要不超过 35 岁的！')
```

如果输入 input('您的年龄：39')，则代码执行结果如下。

```
您的年龄：39
您的条件不符合，我们需要不超过 35 岁的！
```

如果输入 input('您的年龄：16')，则没有需要执行的语句块，直接结束。在这个示例中，我们又新学习了函数 input()。在 Python3.x 中，函数 input()接受标准输入数据，返回 string 类型的数据。在上面这个示例中，要使用函数 int()将输入的数据转化为整数。

2. 双分支结构

双分支结构是指在 True 和 False 两条路径上都有语句块。两条分支分别是 if 分支和 else 分支，如图 2-5 所示。

双分支结构的示例代码如下。

```
nl=int(input('您的年龄：'))

if nl>35：
print('您的条件不符合，我们需要不超过 35 岁的！')
else:
    print('您的年龄正是我们需要的，请于 8 月 20 日上午 8:30 准时参加面试！')
```

当输入 input('您的年龄：30')时，执行 else 分支，输出结果如下。

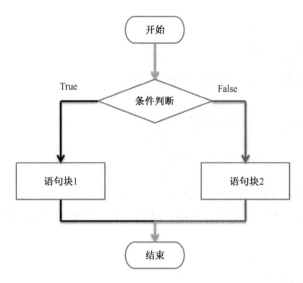

图 2-5 双分支结构

您的年龄：30
您的年龄正是我们需要的，请于 8 月 20 日上午 8:30 准时参加面试！

当输入 input('您的年龄：50')时，执行 if 分支，输出结果如下。

您的年龄：50
您的条件不符合，我们需要不超过 35 岁的！

3. 多分支结构

多分支结构扩展了可以选择的路径，其结构如图 2-6 所示。

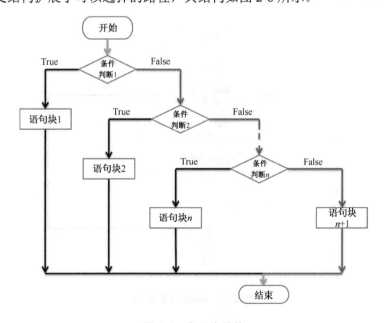

图 2-6 多分支结构

多分支结构的示例代码如下。

```
nl=int(input('您的年龄：'))
if nl>35 or nl<18:
    print('您的条件不符合，我们需要不超过35岁的！')
elif 30<nl<=35:
    print('请您明天参加行政组的面试！')
elif 22<nl<=30:
    print('请您明天参加销售组的面试！')
else:
    print('请您明天参加运输组的面试！')
```

读者可以输入上述多分支结构代码，然后输入数字自行尝试，此处不再赘述。

2.1.7 循环结构

循环结构是指在一定条件下反复执行某段程序的流程结构，被反复执行的程序则被称为循环体，能否继续重复执行将由循环的终止条件来判定。Python 中的 2 种基本循环结构如下。

1. while 循环

while 循环的特点是，当满足条件时进入循环，在进入循环后，若不满足条件，则跳出循环，其结构如图 2-7 所示。

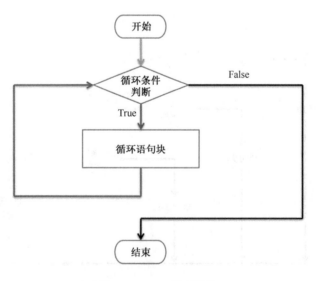

图 2-7　while 循环结构

while 循环是一种条件循环,只要循环条件给出的判断结果为 True,循环就会一直持续,示例 1 代码如下。

```
x=1
while x<10:
    print('中国人')
    x=x+1
print('中国人自强不息!')
```

执行结果如下。

```
中国人
中国人
中国人
中国人
中国人
中国人
中国人
中国人
中国人
中国人自强不息!
```

可以看到,当循环条件不被满足后,才跳出循环,执行后面的语句。另外,使用 while 循环结构可以较为容易地计算出一个经典的数学问题:1+2+3+4+5+…+100。使用 while 循环结构计算从 1 到 100 的数值和,示例 2 代码如下。

```
x=1
s=0
while x<101:
    s=x+s
    x+=1
print(s)
```

2. for 循环

for 循环则是一种既能遍历列表又能遍历字符串的循环。使用 for 循环改写 while 循环中的 2 个示例,改写后的示例 1 代码如下。

```
for i in range(9):
    print('中国人')
print('中国人自强不息!')
```

改写后的示例 2 代码如下。

```
s=0
for i in range(101):
    s=i+s
print(s)
```

这里简单扩展下，对于示例 2 的经典求和问题，还有一种更"Python"、更简洁的代码写法。

```
print(sum(range(1,101)))
```

2.2 Python 数据分析环境

前面已经介绍了如何搭建 Python 环境，但若想用 Python 进行数据分析，还需要搭建 Python 数据分析环境。这就需要借助很多其他的模块与库，除了 Python 内置的标准库及读者自定义的库，许多与数据分析相关的第三方库往往并没有集成到 Python 中，如科学计算库 NumPy、图形库 Matplotlib、数值计算库 SciPy、数据挖掘分析库 Pandas 等都需要单独安装。搭建 Python 数据分析环境的方法有很多种，这里给大家推荐其中的 2 种安装方式。

2.2.1 使用 pip 安装数据分析相关库

在完成 Python 环境的搭建后，在使用第三方库之前，需要先下载并安装该库，然后才能像使用标准库和自定义库那样将其导入并使用。使用 Python 提供的 pip 命令可以完成这一步骤。

pip 是 Python 包管理工具，该工具提供了对 Python 包的查找、下载、安装、卸载功能。目前，如果通过 Python 官方网站下载了最新版本的安装包进行安装，那么 Python 环境中已经自带了该工具。可以在 Python 的安装目录下找到 scripts 文件夹，确认其中是否已有 pip.exe，或者通过以下命令来判断是否已安装。

```
pip3 --version      # Python3.x 版本命令
```

如果还未安装 pip，可以在 Python 官方网站上下载、安装并手动添加环境变量，之后使用 Python 提供的 pip 命令安装数据分析相关库。此处以安装 NumPy 库为例进行讲解，其他库的安装方法基本与此类似。

在命令行窗口中输入以下命令。

```
pip install NumPy      #pip install 库名
```

执行此命令后会在线自动安装 NumPy 库。pip 命令会将下载的第三方库默认安装在 Python 安装目录的\Lib\site-packages 目录下。打开此目录就会发现 NumPy 库，也就是 NumPy 文件夹。

2.2.2 安装 Anaconda

除了使用 pip 安装 Python 数据分析相关库，还可以使用 Anaconda 将相关库与库和 Python 打包下载，并且安装到计算机上。安装和使用方式在 Windows、Linux 和 Mac OS X 操作系统上都是相似的。

Anaconda 是一个开源的 Python 发行版本，除了包含 Python 和 Conda，还同时绑定了四五百个科学计算程序包。因此，可通过安装 Anaconda 搭建 Python 数据分析环境，但要注意的是，Anaconda 的安装文件较大。

Anaconda 对于 Python 初学者而言非常友好，相比单独安装 Python 主程序，选择安装 Anaconda 可以省去很多麻烦。Anaconda 中添加了许多 Python 数据分析相关库，相较于 pip 安装库需要通过一条条命令才能自行安装，Anaconda 不需要考虑这些。同时，Anaconda 还捆绑了 2 个非常好用的交互式代码编辑器（Spyder、Jupyter Notebook）。读者可通过 Anaconda 官网自行下载并安装。

2.3 Python 数据分析相关库

Python 作为处理数据的工具，可以处理不同数量级的数据，具有较高的开发效率和可维护性，同时还具有较强的通用性和跨平台性。使用 Python 进行数据分析时，只依赖 Python 自带的库会有一定局限性，因此需要安装第三方扩展库来增强其分析与挖掘能力。推荐安装如 NumPy 库、Matplotlib 库、Pandas 库、SciPy 等第三方扩展库，以及有关 Excel 操作的 xlrd 库、有关数据库操作的 MySQLdb 库。下面简要介绍这些第三方扩展库。

2.3.1 NumPy 库

NumPy（Numerical Python）库是 Python 语言的一个扩展程序库。作为数据处理的底层库，NumPy 库是高性能科学计算和数据分析的基础，其提供了高效存储和操作密集数据缓存的接口。NumPy 库不仅针对数组运算提供了大量的函数库，还支持维度数组与矩阵运算。更重要的是，NumPy 库内部解除了 CPython 中的全局解释器锁（GIL），运行效率非常高,是处理大量数组类结构和机器学习框架的基础库。

推荐使用 Anaconda 安装 NumPy 库,其内部已包含相关的 Python 库,可直接使用。NumPy 库是一个运行速度非常快的数学库,主要用于数组计算,其中包括:

- 一个强大的 N 维数组对象 ndarray。
- 整合 C/C++/Fortran 代码的工具。
- 广播功能函数。
- 线性代数、傅里叶变换、随机数生成等功能。

例如,可以使用 NumPy 库创建矩阵。

```
m1 = np.mat("1 2 3;4 5 6;7 8 9")
```

代码执行结果如图 2-8 所示。

```
m1:
 [[1 2 3]
  [4 5 6]
  [7 8 9]]
```

图 2-8　使用 NumPy 库创建矩阵

在一定程度上,NumPy 数组与 Python 内置的列表类型非常相似。随着数组在维度上不断增大,NumPy 数组提供了更高效的存储和数据操作。NumPy 数组几乎已成为整个 Python 数据科学工具生态系统的核心。

2.3.2　Matplotlib 库

Matplotlib 库是用 Python 语言编写的常用二维图形库之一,其充分利用了 Python 数值计算软件包的快速精确的矩阵运算能力,具有良好的作图性能。Matplotlib 库是一个 Python 的二维绘图库,其通过各种硬拷贝格式和跨平台的交互式环境生成具有出版品质的图形。

如今,可视化在数据科学中是一个很重要的步骤,能够为过程和结果提供非常好的展示效果,增加可信度。Matplotlib 库作为一个非常强大的图形库,能够帮助创建多种类型的图表,如条形图、散点图、饼图、堆叠图、3D 图和地图等。将 Matplotlib 库与 NumPy 库配合使用,可以获得一个有效的 MATLAB[1] 开源替代方案。Matplotlib 库也可以与图形工具包一起使用,如 PyQt 和 wxPython。如图 2-9 所示为使用 Matplotlib 库创建的甜品店一周销售额统计图表。

---

1 MATLAB 是一个主要面对科学计算、可视化及交互式程序设计的高科技计算环境。

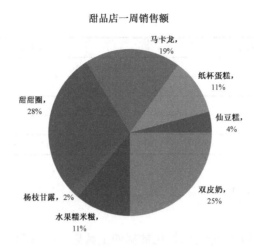

图 2-9　使用 Matplotlib 库创建的甜品店一周销售额统计图表

2.3.3　SciPy 库

作为一个高级科学计算库，SciPy 库和前面提到的 NumPy 库一样，都是 Python 数据分析的重要工具包。SciPy 库一般通过操控 NumPy 数组来进行科学计算、统计分析。同时，SciPy 库还有很多可以应对不同应用的子模块，如插值运算、优化算法等。与 NumPy 库相比，SciPy 库的构建更为强大，应用领域也更为广泛。可以说，SciPy 库是一个基于 NumPy 库扩展构建的更加高效、便捷的科学计算包。

SciPy 库由针对特定任务的子模块组成，如表 2-7 所示。

表 2-7　SciPy 库的子模块

子模块	模块描述
SciPy.cluster	向量计算/K-Means 模块
SciPy.constants	物理和数学常量模块
SciPy.fftpack	FFT（快速傅里叶变换）模块
SciPy.integrate	积分模块
SciPy.interpolate	插值模块
SciPy.io	输入输出模块
SciPy.linalg	线代模块
SciPy.ndimage	n 维图像处理模块
SciPy.odr	正交距离回归模块
SciPy.optimize	优化模块
SciPy.signal	信号处理模块

续表

子模块	模块描述
SciPy.sparse	稀疏矩阵模块
SciPy.spatial	空间结构模块
SciPy.special	特殊函数模块
SciPy.stats	统计模块
SciPy.ndimage	多维图像处理模块

2.3.4 Pandas 库

Pandas 库是一个强大的分析结构化数据的工具集，由 AQR Capital Management 于 2008 年 4 月开发，并于 2009 年年底开源。Pandas 库提供了大量数据分析函数，能够帮助实现包括数据处理、数据抽取、数据集成、数据计算等基本的数据分析。其可以帮助解决各类数据分析任务，如对数据进行导入、清洗、处理、统计和输出等。Pandas 库是基于 NumPy 库开发的一个 Python 数据分析包，被广泛运用于金融、统计及社会科学领域的数据处理。

Pandas 库适用于处理以下类型的数据。

- 与 SQL 或 Excel 类似、含异构列的表格数据。
- 有序和无序（非固定频率）的时间序列数据。
- 带行列标签的矩阵数据，包括同构型数据或异构型数据。
- 其他任意形式的观测、统计数据集等。

Pandas 库作为 Python 数据分析的核心包，其核心数据结构包括序列和数据框。序列储存一维数据，而数据框则可以存储更复杂的多维数据。

Pandas 库中常见的数据结构有以下 2 种。

- Series：类似于一维数组的对象，可将其理解为带标签的一维同构数组。其可保存多种数据类型。
- DataFrame：二维的表格型数据结构。其类似于多维数组，每列数据都可以是不同的类型，其索引包括列索引和行索引。

2.3.5 xlrd 库

Excel 是 Windows 系统下主流的电子表格处理软件，用于进行各类数据的处理、统计分析，以及辅助决策操作，主要应用于管理、统计、财经、金融等众多领域。Python 中的 xlrd 库可实现跨平台操作 Excel 文件。

xlrd 库主要用于读取 Excel 表中的数据，可通过 Python 官方网站下载相关模块进行安装，当然，前提是已经安装了 Python 环境；也可在命令行窗口中输入以下代码：

pip install xlrd

并导入库：

import xlrd

在 xlrd 库中存在的常见操作如下。

- 读取有效单元格的行数、列数。
- 读取指定行（列）的所有单元格的值。
- 读取指定单元格的值。
- 读取指定单元格的数据类型。

2.3.6　PyMySQL 库

PyMySQL 库是在 Python3.x 版本中用于连接 MySQL 服务器的库，Python2 中使用的是 MySQLdb 库。可以使用 Python 提供的 pip 工具实现对该库的安装，命令如下。

pip install PyMySQL

PyMySQL 库中的常见操作如下。

（1）创建数据库、数据表。

PyMySQL 库对数据库的所有操作都建立在与数据库服务的连接上，之后创建游标，并且以此为基础执行具体的 SQL 语句。PyMySQL 库不仅可以创建数据库、数据表，还可以创建索引、视图等，其创建方法与创建数据库的方法相似。

（2）插入、更新、查询、删除等。

PyMySQL 库可以通过游标的 execute 和 executemany 两个方法来完成插入操作，使用 execute 方法一次可插入一条记录，使用 executemany 库一次可插入多条记录。使用 PyMySQL 库执行插入、更新、删除操作存在相似之处，最后都需要通过 commit 提交。

PyMySQL 库还提供了事务机制，以确保数据的一致性。

2.3.7　其他数据分析相关库

除了前面提到的 NumPy 库、Matplotlib 库、Pandas 库、SciPy 库、xlrd 库及 PyMySQL 库，Keras 库、Scikit-Learn 库、Scrapy 库、Gensim 库等也是 Python 数据分析常用的工具。

Keras 库是深度学习库，人工神经网络和深度学习模型依赖 NumPy 库与 SciPy 库，利用其可以搭建普通的神经网络和各种深度学习模型，如语言处理、图像识别、自编码器、循环神经网络、递归审计网络、卷积神经网络等。

Scikit-Learn 库是 Python 常用的机器学习工具包，其提供了完善的机器学习工具箱，是支持数据预处理、分类、回归、聚类、预测和模型分析等强大的机器学习库，其依赖 NumPy 库、SciPy 库和 Matplotlib 库等。

ScraPy 库是为爬虫而生的工具，具有 URL 读取、HTML 解析、存储数据等功能，可以使用 Twisted 异步网络库来处理网络通信，其架构清晰，并且包含各类中间件接口，可以灵活地完成各种需求。

Gensim 库是用来构建文本主题模型的库，常用于处理语言方面的任务，支持 TF-IDF、LSA、LDA 和 Word2vec 等多种主题模型算法，支持流式训练，并且提供了诸如相似度计算、信息检索等一些常用任务的 API。

2.4　本章小结

本章主要介绍了 Python 的基础知识，包括：

（1）Python 简介和安装。
（2）Python 基本语法、数据类型，以及常用的操作和函数、方法。
（3）Python 的各类运算符和基本程序结构。
（4）Python 数据分析环境。
（5）Python 数据分析相关库和工具。

第 3 章 Jupyter 环境的使用

3.1 Jupyter Notebook 概述

3.1.1 Jupyter Notebook 简介及优点

Jupyter Notebook 是一个开源的 Web 应用程序，允许创建和共享含有实时代码、数学方程式、可视化效果和说明文本的文档，其主要用于数据清理和转换、数值模拟、统计建模、数据可视化、机器学习等，特别适合用于数据处理。

Jupyter Notebook 具有以下优点。

（1）支持多种编程语言。Jupyter Notebook 支持 40 多种编程语言，包括 Python、R、Julia 和 Scala。

（2）代码输出形式多样。代码可以产生丰富的交互式输出、HTML、图像、视频、LaTeX 和自定义 MIME 类型。

（3）数据处理功能强大。通过使用 Python、R 和 Scala 的大数据框架工具，例如，Apache Spark，可实现大数据整合。支持使用 Pandas 库、Scikit-Learn 库、ggplot2 库和 TensorFlow 探索相同的数据。

（4）可实现笔记本共享。可使用电子邮件、Dropbox、GitHub 和 Jupyter Notebook Viewer 与他人共享笔记本。

3.1.2 Jupyter Notebook 开发环境的搭建

通过安装 Anaconda 搭建 Jupyter Notebook 的开发环境。Anaconda 是开源代码，提供了以跨平台的方式构建、分发、安装、更新和管理软件的实用程序。在 Anaconda 中存在 Conda 库、NumPy 库、SciPy 库等超过 180 个科学库。

Anaconda 的安装方法如下。

步骤 1：打开 Anaconda 官方网站，如图 3-1 所示。

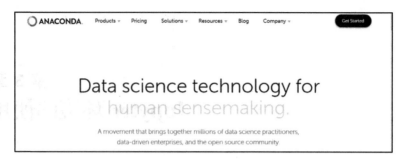

图 3-1　Anaconda 官方网站

步骤 2：单击官网右上角的"Get Started"，进入如图 3-2 所示的"Anaconda 安装选项"页面，在给出的 4 个选项中选择并单击最下方的"Install Anaconda Individual Edition"。

图 3-2　Anaconda 安装选项

步骤 3：进入"Individual Edition"页面，单击页面中的"Download"按钮，前往下载 Anaconda 安装程序，如图 3-3 所示。

图 3-3　下载 Anaconda 安装程序

步骤 4：进入如图 3-4 所示的页面后，根据计算机系统类型下载对应的版本并安装。以 Windows10（64 位操作系统）为例进行讲解。首先，选择"Windows"选项，然后根据计算机的 64 位操作系统单击"64-Bit Graphical Installer (466 MB)"并下载安装程序。

图 3-4　根据计算机系统类型下载并安装对应的 Anaconda 程序

步骤 5：下载完成后，在下载文件夹中找到安装程序，双击 Anaconda 图标开始安装，单击"Next"按钮进入下一步安装，如图 3-5 所示。

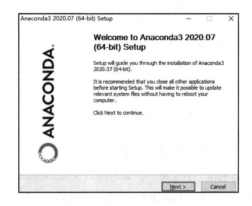

图 3-5　单击"Next"按钮进入下一步安装

步骤 6：进入下一个界面后，发现在"Install for"下有 2 个选项，一个是"Just Me (recommended)"，另一个是"All Users (requires admin privileges)"。选择后者并单击"Next"按钮继续下一步安装，如图 3-6 所示。

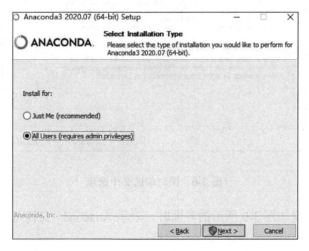

图 3-6　安装时选择"All Users (requires admin privileges)"选项

步骤 7：在"Destination Folder"下选择安装路径，默认的安装路径是"C:\ProgramData\Anaconda3"，默认安装盘是 C 盘，如图 3-7 所示。也可根据自身需要选择其他安装路径，单击"Next"按钮选项。

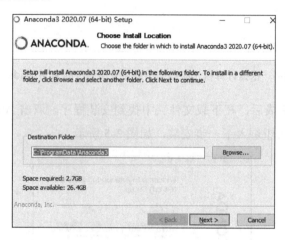

图 3-7　默认安装盘是 C 盘

步骤 8：进入"Advanced Installation Options"界面后，同时勾选"Add Anaconda3 to the system PATH environment variable"与"Register Anaconda3 as the system Python 3.8"2 个选项，如图 3-8 所示，单击"Install"按钮继续安装。

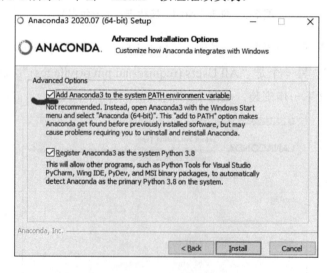

图 3-8　同时勾选 2 个选项

步骤 9：当出现如图 3-9 所示的界面时，表示 Anaconda 安装完成。

第 3 章　Jupyter 环境的使用

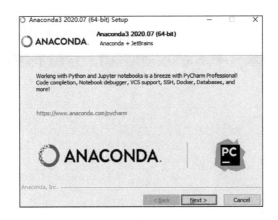

图 3-9　Anaconda 安装完成

双击打开 Anaconda，如图 3-10 所示，在安装完成的 Anaconda 界面中找到 Jupyter Notebook 图标，单击运行。

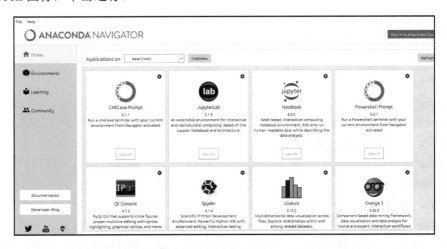

图 3-10　安装完成后的 Anaconda 界面

此外，还有一种运行 Jupyter Notebook 的方法，单击计算机桌面左下角的"开始"按钮，在所有程序中找到文件夹"Anaconda3 (64-bit)"，展开文件夹后，直接单击其中的"Jupyter Notebook (Anaconda3)"选项，如图 3-11 所示，即可运行。

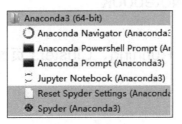

图 3-11　Anaconda 文件夹下的 Jupyter Notebook

当出现如图 3-12 所示的页面时，表示 Jupyter Notebook 已经安装好并可以使用。

图 3-12　Jupyter Notebook 已安装好并可以使用

3.1.3　使用 pip 命令安装

首先，将 pip 升级为最新版本。

Python
pip install --upgrade pip

其次，安装 Jupyter Notebook。

Python
pip install Jupyter

最后，运行 Jupyter Notebook，并且在终端输入以下命令。

Jupyter Notebook

执行命令后，终端将会显示一系列 Jupyter Notebook 的服务器信息，同时浏览器将会自动启动 Jupyter Notebook。

3.2　认识 Jupyter Notebook

3.2.1　认识 Files、Running、Clusters 页面

1. Files 页面

Files 页面如图 3-13 所示。在 Files 页面可以打开以前保存在 Jupyter Notebook 中的

文件。其中,"Name↓"一栏显示的是文件名,"Last Modified"一栏显示的是文件保存的时间,"File size"一栏显示的是文件的大小。单击"Upload"按钮,将文件上传到 Jupyter Notebook 中,以便后续调用。单击"New"按钮可以新建一个 Jupyter Notebook 文件。

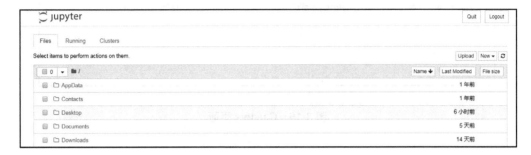

图 3-13　Files 页面

2. Running 页面

Running 页面如图 3-14 所示。Running 页面显示的是当前正在运行 Jupyter 进程。例如,"Notebooks"部分的"There are no notebooks running."表示现在没有正在运行的 Notebook 进程。

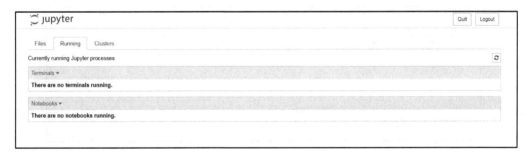

图 3-14　Running 页面

3. Clusters 页面

Clusters 页面如图 3-15 所示。Clusters 页面目前显示的是"Clusters tab is now provided by IPython parallel. See 'IPython parallel' for installation details.",表示"Clusters 现在由 IPython 并行提供。相关安装细节请参见'IPython 并行'。"

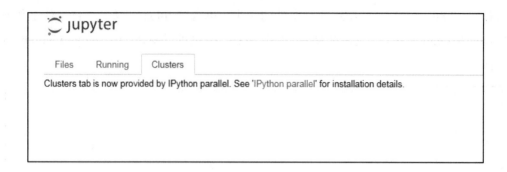

图 3-15　Clusters 页面

3.2.2　认识 Jupyter Notebook 的主页面

安装好 Jupyter Notebook 后，现在学习如何使用 Jupyter Notebook。首先来认识和了解 Jupyter Notebook 的操作界面。操作界面由标题栏、菜单栏、代码工具栏、编辑区等部分组成，如图 3-16 所示。

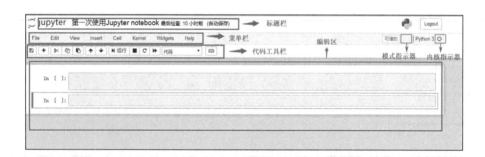

图 3-16　Jupyter Notebook 的操作界面

（1）菜单栏可以实现单元格和它与之通信的内核上的各种操作。

（2）代码工具栏存在如保存并检查、剪切选择的代码块、复制选择的代码块、粘贴到下方等常见的操作按钮。

（3）模式指示器中存在 2 种模式：编辑模式和命令模式。可以通过这个区域判断模式。

- 表示当前是命令模式，指示区域中没有显示图标，许多快捷键都可以使用。

- 可信的 ✎ Python 3 ○ 表示当前是编辑模式,活动单元周围的边框颜色发生了变化,可以在当前活动单元中插入文本。若要转换为命令模式,可按 Esc 键或单击输入文本区域。

(4)内核指示器:Python 3 ○ 表示内核空闲;Python 3 ● 表示内核繁忙。

接下来全面展示菜单栏的功能。File 菜单和 Edit 菜单的功能如图 3-17 和图 3-18 所示。

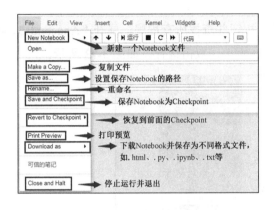

图 3-17 File 菜单的功能介绍

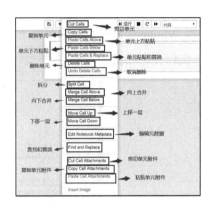

图 3-18 Edit 菜单的功能介绍

View 菜单和 Insert 菜单的功能介绍如图 3-19 和图 3-20 所示。

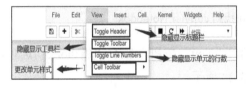

图 3-19 View 菜单的功能介绍　　　　图 3-20 Insert 菜单的功能介绍

Cell 菜单和 Kernel 菜单的功能介绍如图 3-21 和图 3-22 所示。

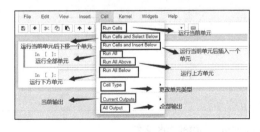

图 3-21 Cell 菜单的功能介绍　　　　图 3-22 Kernel 菜单的功能介绍

3.3 新建、运行、保存 Jupyter Notebook 文件

3.3.1 新建一个 Jupyter Notebook

在 Windows 桌面左下角单击"开始"按钮并查找所有程序,展开"Anaconda3 (64-bit)"文件夹,在其中找到 Jupyter Notebook (Anaconda3),双击运行,如图 3-23 所示。

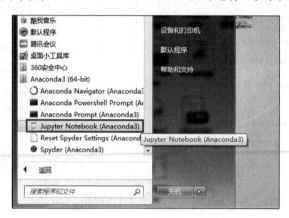

图 3-23 单击"开始"按钮找到 Jupyter Notebook

在运行 Jupyter Notebook 后,单击右上角的"New"按钮,选择"Python 3"选项,创建一个新的 Jupyter Notebook 文件,如图 3-24 所示。

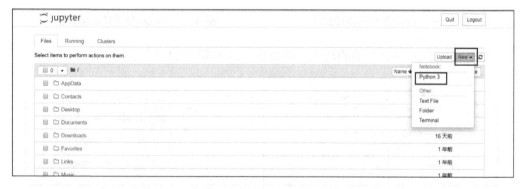

图 3-24 创建一个新的 Jupyter Notebook 文件

在 In [ ]: 处输入代码并运行,如图 3-25 所示。

图 3-25 输入代码并运行

3.3.2 运行代码

在代码框中输入代码 print("第一次使用 Jupyter Notebook")，单击"运行"按钮或按"Ctrl+Enter"组合键，就会输出"第一次使用 Jupyter Notebook"，这表示代码运行成功，如图 3-26 所示。接着通过单击工具栏的"+"按钮新增代码框，输入下一段代码。

print("第一次使用 Jupyter Notebook")
Print("Hello world")

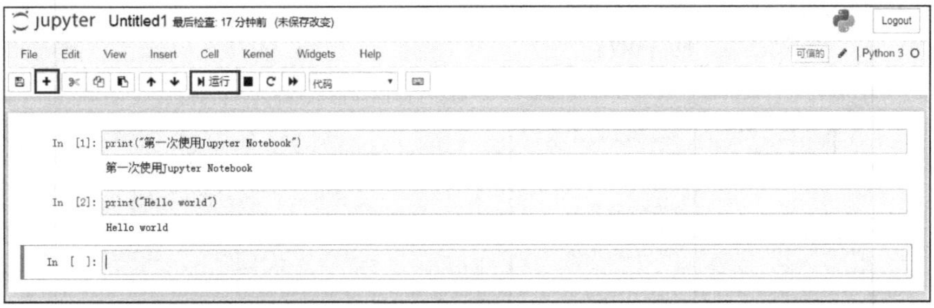

图 3-26 运行代码

3.3.3 重命名 Jupyter Notebook 文件

新建一个 Jupyter Notebook 文件，其默认名称为 Untitled 1。若想重命名该文件，可单击"Untitled 1"或单击 File 菜单下的"Rename"，在弹出的重命名对话框中输入名称"第一次使用 Jupyter"，即可更改 Jupyter Notebook 的文件名，如图 3-27 所示。

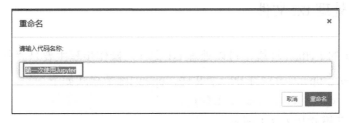

图 3-27 重命名 Jupyter Notebook 文件

3.3.4 保存 Jupyter Notebook 文件

有 2 种方法可以保存 Jupyter Notebook 文件。

（1）单击 File 菜单的"Save and Checkpoint"保存文件。这种方法会将文件保存到 Anaconda 的默认路径下，一般是在"Administrator"文件夹中，并且文件格式默认为 Jupyter Notebook 的专属文件格式.ipynb。

（2）单击 File 菜单下"Download as"保存文件。可以自定义保存路径，同时自定义文件格式，如图 3-28 所示。

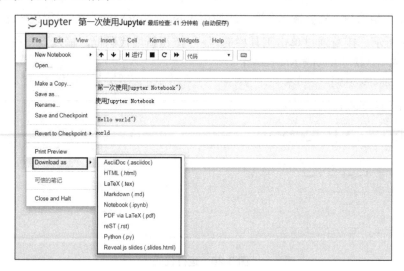

图 3-28 自定义文件格式保存文件

3.4 处理不同类型的数据

3.4.1 处理 txt 文件

在 Jupyter 的 Python 环境下可以处理 txt 文件，操作步骤主要是"打开—操作—关闭"。Python 通过 open()函数打开一个文件，open()函数格式如下。

<变量名> = open(<文件名>,<打开模式>)

文件的打开模式如表 3-1 所示。

表 3-1　文件的打开模式

文件打开模式	说明
r	表示只读模式，如果文件不存在，就返回异常默认值
w	表示写入模式，如果文件存在，就清除原内容后写入；如果文件不存在，则创建新文件
x	表示创建模式，如果文件不存在，就创建新文件；如果文件存在，就返回异常
a	表示追加模式，如果文件不存在，就创建新文件；如果文件存在，就在文件最后追加内容
b	表示二进制文件模式
t	表示文本文件模式
+	表示读写模式

在 Jupyter Notebook 的 Python 环境下读取"练习 1.txt"文件并打印输出效果，运行代码如下。

file = open("D:\\Jupyter 练习\\练习 1.txt","rt")
print(file.readline())
file.close()

读取"练习 1.txt"文件的代码并打印输出结果，如图 3-29 所示。

图 3-29　用 Python 读取"练习 1.txt"文件的代码并打印输出结果

在 Jupyter Notebook 的 Python 环境下为 txt 文件写入数据并打印输出结果的代码如下。

file = open("D:\\Jupyter 练习\\练习 1.txt","w")
txt1 = "第一次学习用 Python 写入数据"
file.write(txt1)
file.close()

在 Jupyter Notebook 的 Python 环境下为"练习 1.txt"文件写入数据并打印输出结果，如图 3-30 所示。

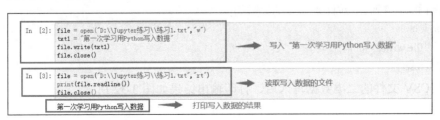

图 3-30　用 Python 为 txt 文件写入数据并打印输出结果

3.4.2 处理 CSV 文件

CSV 文件以纯文本形式存储表格数据（包括数字和文本），其扩展名是.csv。CSV 文件可以通过 open()函数中"r"文件打开模式读取。CSV 文件的读取代码如下。

```
file = open("D:\\Jupyter 练习\\cs1.csv",=,"r", encoding="UTf-8")
ls=[]
for line in file:
    line = line.replace("\n","")
    ls.append(line.split(","))
print(ls)#此时 ls 是二维数据
for line in ls:
    line=",".join(line)
    print(line)
file.close()
```

CSV 文件的读取代码及打印输出结果如图 3-31 所示。

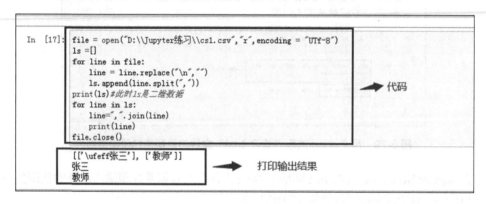

图 3-31 CSV 文件的读取代码及打印输出结果

CSV 文件的二维数据使用列表的方式写入。通过 open()函数中"w"文件打开模式写入，写入代码如下。

```
file=open("D:\\Jupyter 练习\\cs1.csv","w",encoding = "UTf-8")
ls=[['张三','李四','王五'],['教师','工人','农民']]
for i in ls:
    file.write(','.join(i)+"\n")
file.close()
```

在 CSV 文件的二维数据写入后，打印输出结果如图 3-32 所示。

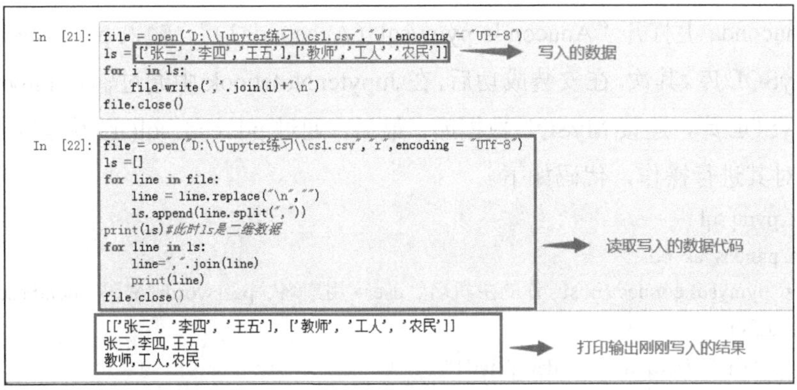

第 3 章 Jupyter 环境的使用

图 3-32 CSV 文件二维数据的写入及打印输出结果

3.4.3 处理 Excel 文件

若要在 Jupyter Notebook 的 Python 环境下读取.xlsx 文件中的数据，需要先调用 NumPy 库、Pandas 库，而后通过 pd.read_excel()函数读取，代码如下。

```
import numpy as np
import pandas as pd
dataset=pd.read_excel('D:\\Jupyter练习\\成绩表.xlsx')
X=dataset.iloc[:,:-1].values
Y=dataset.iloc[:,3].values
dataset
```

在读取.xlsx 文件数据的代码后，打印输出.xlsx 数据内容，如图 3-33 所示。

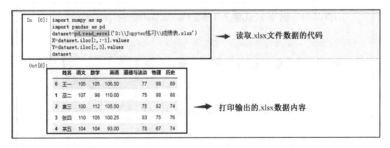

图 3-33 .xlsx 文件数据的读取及打印输出内容

3.4.4 处理 sql 文件

在 Jupyter Notebook 的 Python 环境下，读取 sql 文件中的数据并进行数据分析。首先，在 Anaconda 上打开"Anaconda pymysql（Anaconda3）"，输入 pip install pymysql，安装 PyMySQL 库。其次，在安装成功后，在 Jupyter Notebook 中通过输入 import pymysql 导入 PyMySQL 库，连接 MySQL 数据库。最后，通过 pd.read_sql()函数读取 sql 文件中的数据并对其进行操作，代码如下。

```
import pymysql
import pandas as pd
conn = pymysql.connect(host='你的主机名', user='用户名', password='密码', database='数据库名称', charset='utf8')
sql = "select * from meal_order_detail1"
data = pd.read_sql(sql, conn)
```

3.5　在 Markdown 中使用 LaTeX 输入数学公式

3.5.1　使用 LaTeX 输入一个数学公式

LaTeX 是当今世界上最流行且使用最广泛的 TeX 宏集，其可快速生成高质量文档，还可生成美观、规范但较为复杂的数学公式。

打开 Jupyter Notebook，选择 Python 3 并新建一个 Notebook 文件，在工具栏的"代码"命令栏选择"Markdown"选项，以完全平方公式为例，在编辑区输入数学公式，如图 3-34 所示。

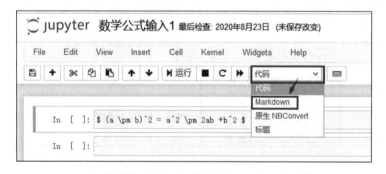

图 3-34　选择"Markdown"选项

完全平方公式在 Markdown 中的代码写法如下。

```
$ (a \pm b)^2 = a^2 \pm 2ab +b^2 $
```

首先，使用 LaTeX 将其输入新建的 Jupyter Notebook 文件，如图 3-35 所示。

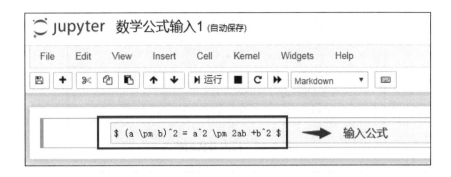

图 3-35　使用 LaTeX 输入完全平方公式

其次，单击工具栏上的"运行"按钮，生成如图 3-36 所示的完全平方公式。

图 3-36　生成完全平方公式

3.5.2　LaTeX 的两种公式格式

使用 LaTeX 输入数学公式时存在 2 种格式：行内公式和行间公式。

行内公式代码为：

$ ax^2 + bx + c = 0 $

行间公式代码为：

$$ ax^2 + bx + c = 0 $$

如图 3-37 所示为使用 "$公式$" 格式输入的行内公式，此格式适用于简单、较短的公式。如图 3-38 所示为使用 "$$公式$$" 格式输入的行间公式，此格式适用于较长或较重要的公式。若需要对公式进行编号，可使用\tag{n}命令。

图 3-37　行内公式的输入

图 3-38　行间公式的输入

3.5.3　常用数学公式的写法

1. 贝叶斯公式

贝叶斯定理是概率论中的重要定理，由托马斯·贝叶斯提出（Thomas Bayes，18 世纪英国神学家、数学家、数理统计学家和哲学家，概率论理论创始人）。此定理是关于随机事件 A 和 B 的条件概率的定理，即在随机事件 B 已发生的情况下，计算随机事件 A 发生的概率，可通过一个数学公式表达。下面使用 LaTeX 输入贝叶斯公式，代码为：

$$P(B\_i\mid A) = \frac{ P(B\_i)\ P(A\mid B\_i)}{\sum^{n}\_{j=1}P(B\_j)\ P(A\mid B\_j)}$$

在 Markdown 中使用 LaTeX 输入贝叶斯公式，其运行结果如图 3-39 所示。

图 3-39　贝叶斯公式

2. 牛顿-莱布尼茨公式

牛顿-莱布尼茨公式是指一个连续函数在区间$[a,b]$上的定积分等于它的任意一个原函数在区间$[a,b]$上的增量。在应用牛顿-莱布尼茨公式时，$F(x)$可由积分法求得。牛顿-

莱布尼茨公式提供了计算定积分的简便方法，即只要求出被积函数 $f(x)$ 的一个原函数 $F(x)$，然后计算原函数 $F(x)$ 在区间 $[a,b]$ 上的增量 $F(b)-F(a)$ 即可。下面使用 LaTeX 编写牛顿-莱布尼茨公式，代码为：

```
$$\int_a^bf(x)dx=F(b)-F(a)=F(x)\mid ^b_a$$
```

在 Markdown 中使用 LaTeX 格式输入牛顿-莱布尼茨公式，其运行结果如图 3-40 所示。

图 3-40　牛顿-莱布尼茨公式

3. 三角函数

三角函数是高中数学学习阶段的一个重点，利用三角函数能够较好地描述钟摆、潮汐等周期现象，使用 LaTex 编写三角函数，代码为：

```
$$y = A\sin (\omega x + \varphi)$$
```

在 Markdown 中使用 LaTeX 格式输入三角函数，其运行结果如图 3-41 所示。

图 3-41　三角函数

4. 二项式定理

二项式定理（Binomial Theorem），又被称为牛顿二项式定理，由艾萨克·牛顿于 1664 年至 1665 年提出。该定理给出两个数之和的整数次幂诸如展开为类似项之和的恒等式。二项式定理可以推广到任意实数次幂，即广义二项式定理。使用 LaTex 编写二项式定理的公式，代码为：

```
$$(x+y)^n = \displaystyle \sum^{n}_{k = 0}\binom{n}{k}x^{n-k}y^k
=\displaystyle \sum^{n}_{k = 0}\binom{n}{k}x^ky^{n-k}$$
```

在 Markdown 中使用 LaTeX 输入二项式定理的公式，其运行结果如图 3-42 所示。

图 3-42　二项式定理的公式

3.6　Jupyter Notebook 应用实例解析

3.6.1　实例一：能力六维雷达图的绘制

"最强大脑"节目经常使用能力六维雷达图展现选手的六方面能力，包括推理力、计算力、观察力、创造力、空间力、记忆力。本实例使用 Jupyter Notebook 在同心圆上绘制不规则的能力六维雷达图，其中，每个顶点到圆心的距离分别代表选手的一种能力的数据，具体代码如下。

```
import numpy as np
import matplotlib.pyplot as plt
import matplotlib
matplotlib.rcParams['font.family']='SimHei'
matplotlib.rcParams['font.sans-serif']=['SimHei']
labels = np.array(['推理力','计算力','观察力','创造力','空间力','记忆力'])
nAttr = 6
data = np.array([9,8,7,8,8,6])
angles = np.linspace(0,2*np.pi,nAttr,endpoint=False)
data = np.concatenate((data,[data[0]]))
angles =np.concatenate((angles,[angles[0]]))
fig = plt.figure(facecolor="white")
plt.subplot(111,polar=True)
plt.plot(angles,data,'bo-',color = 'b',linewidth=3)
plt.fill(angles,data,facecolor='b',alpha=0.15)
plt.thetagrids(angles*180/np.pi,labels)
plt.figtext(0.45,0.93,'能力六维雷达图',ha='center')
plt.savefig('dota_radar.JPG')
plt.show()
```

能力六维雷达图的输出结果如图 3-43 所示。通过能力六维雷达图可以直观、形象地了解不同类型的竞赛题所测试出的选手在这六个方面的能力。

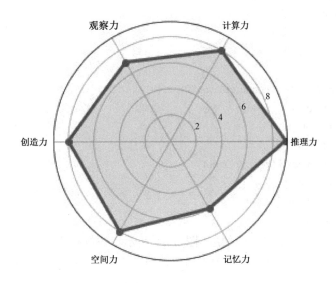

图 3-43　能力六维雷达图的输出结果

3.6.2　实例二：词频统计

《水浒传》是中国四大名著之一，作者是施耐庵。《水浒传》是中国历史上最早使用白话文写成的章回小说，书中展现了许多各具特色的人物。不同的人物具有不同的性格特征，那么如何对这些人物进行分析呢？答案是可以通过分析人物在小说中出现的次数来了解其在小说中的重要程度。人物的出现次数统计涉及词汇的分词和统计。下面使用 Jupyter Notebook 处理这一问题，同时，安装第三方库——jieba 库。处理步骤如下。

（1）输入：《水浒传》文本文件。
（2）处理：词频统计和排序。
（3）输出：统计和排序结果。

具体代码如下。

```
import jieba
excludes = {"两个","一个","如何","酒家","那里","只见","小人","说道","长老","这里","庄客"}
txt = open("C:\\users\\administrator\\水浒传.txt","r").read()
words = jieba.lcut(txt)
counts = {}
for word in words:
```

```
            if len(word) ==1:
                continue
            elif word =="鲁智深" or word =="提辖":
                rword ="智深"
            elif word =="教头":
                rword ="林冲"
            else:
                counts[word] = counts.get(word,0) + 1
        for word in excludes:
            del(counts[word])
        L = list(counts.items())
        L.sort(key=lambda x:x[1],reverse=True)
        for i in range (20):
            word,count = L[i]
            print (word,count)
```

《水浒传》的词频统计输出结果如图 3-44 所示。根据初步统计，在《水浒传》中，林冲出现 409 次、鲁智深出现 227 次、史进出现 125 次、杨志出现 73 次、柴进出现 60 次、王进出现 55 次。当然，这里只显示了部分人物的出现次数，但从初步统计结果中可以看出，林冲和鲁智深出现的次数最多。事实上，这正是《水浒传》中举足轻重的两个人物。

图 3-44 《水浒传》的词频统计输出结果

3.7 本章小结

（1）介绍了 Jupyter Notebook 是一个开源 Web 应用程序，其允许创建和共享包含实时代码、数学方程式、可视化效果和说明文本的文档。

（2）介绍了使用 Anaconda 安装 Jupyter Notebook 的方法和步骤。

(3) 介绍了 Jupyter Notebook 的操作界面和常用的功能。

(4) 介绍了使用 Jupyter Notebook 导入 txt、CSV、Excel、sql 文件，并写入内容等简单的处理方法。

(5) 学习了使用 Jupyter Notebook 中的 LaTeX 数学公式输入功能，以及几个常用的数学公式的写法。

(6) 通过实例一介绍了数据处理可视化功能，通过实例二介绍了处理文本文件的方法。

第 4 章
探索数据

4.1 走进数据的世界

4.1.1 定义数据

前面我们一直在讨论数据,那么到底什么是数据呢?

数据(Data)是希腊单词 Datum 的复数。韦氏词典对其的定义是:"作为推断、讨论或计算的基础事实类信息。"牛津高阶英语词典对其的定义是:"检查、探寻事物本质或进行决策时的事实或信息。"也有定义称,数据是指对客观事件进行记录并可以鉴别的符号,是对客观事物的性质、状态及相互关系等进行记载的物理符号或这些物理符号的组合。综上所述,数据不但可以是数字,而且可以是文字、图片、声音、视频等,以及这些元素的组合。

数据的形式随着时代变化不断丰富。过去,声音和视频是无法被称为数据的,因为它们无法被记录。而画面则可以通过画家的笔墨被记录,即便是在千年之后,我们也可以根据画卷想象出当时的场景。

从古代的"画师成像"到现在的高清图片,都是图像,它们之间又有哪些不同呢?

第一,精度不同。图片反映实物的精度随着科技的发展越来越高,数码照片不断提升的分辨率就可以印证这一点。

第二,承载媒介不同。过去的图像被画在墙壁上、羊皮上或纸上,现在又新增了数码形式。

第三,记录工具不同。从纸、笔、墨到胶片,再到数码设备,记录工具的更迭极大地影响了图像生成的效果,但也正是因为有了相应的工具,数据才有了被不断优化的可能。

第四,所需技能不同。从只有画师一类的专业人才能采集并生成数据,到现在几乎人人都可采集并生成数据,这种源头上的变化造就了海量数据。

第五,获取的难易度不同。过去,人们往往需要耗费数个时辰,甚至更长的时间才能成像，而如今，人们只需按下智能手机的快门即可瞬时采集，科技的发展极大地便利了数据的获取。

4.1.2 数据的分类

数据的划分方式有很多种。

1. 按呈现形式划分

按呈现形式可将数据划分为结构化数据（Structured Data）、半结构化数据（Semi-structured Data）和非结构化数据（Unstructured Data）。简单地说，结构化数据是指那些可以在行和列形式的数据库中显示的数据，非结构化数据则是指无法在这种数据库中显示的数据，而半结构化数据是指同时具有结构及非结构化的某些特征的数据。

比较常见的结构化数据包括数字、日期、金额、电话及字符串等。而非结构化数据则是指图片、音频、视频、邮件、文本等。现在有一种说法，企业数据中约 80%为非结构化数据，20%为结构化数据。这种说法很难考证，因为不同企业间存在较大差异，但这也侧面说明了对非结构化数据进行分析已经变得越来越重要。

2. 按计量层次划分

按数据的计量层次可将统计数据划分为定类（Nominal）、定序（Ordinal）、定距（Interval）和定率（Ratio）4 种数据类型。

定类数据也被称为名义数据，是指按照事物的某种属性对其进行分类，数字仅是一个标签，这种"定量"的标签数字之间没有大小与等级之分，例如，在建立性别指标时，0 代表男性，1 代表女性，0 和 1 无法比较大小。

定序数据也被称为序数数据，是指按照事物等级或顺序差别建立量化指标，不同的数值可以通过排序比较大小。例如，在通过调查问卷询问满意度时，5 代表非常满意，4 代表比较满意，3 代表一般，2 代表不满意，1 代表非常不满意。在定序数据中，数值的顺序是重要且有意义的[1]。

定距数据也被称为间隔数据，是在定序的基础上将事物按照等级进行测度。因此，定距不仅可以用于排序，还可以精准地指出数据之间存在的差别。以温度为例，20℃与10℃的差值是 10℃，30℃与 20℃的差值也是 10℃，10℃是一个准确数字。这种差值不

---

[1] 如果要确定一组定序数据的集中趋势，最好的方法是通过其众数或中位数进行分析判断，以平均数来判断存在很大争议。

但可以用来比较数据大小，还能体现出数据之间存在的差别。

定率数据也被称为比率数据。当涉及数据分析时，比率能够提供更加丰富的内容，而且在很多情况下，比率数据可以进行有意义的加、减、乘、除。

3. 按空间和时间维度划分

按照空间和时间维度划分，可将数据划分为截面数据（Cross-sectional Data）、时间序列数据（Time Series Data），以及同时具备上述2类数据属性的面板数据（Panel Data）。

截面数据的截面是指在某个时间点或某个很短的时间段内采集的数据，往往不涉及时间带来的差异。例如，统计某一地区或某些地区在某一时段的国内生产总值，但国内生产总值的动态趋势无法通过截面样本获得。如图4-1所示为2019年部分省（区、市）的地区生产总值，但这些数值的动态趋势并没有被展示出来。

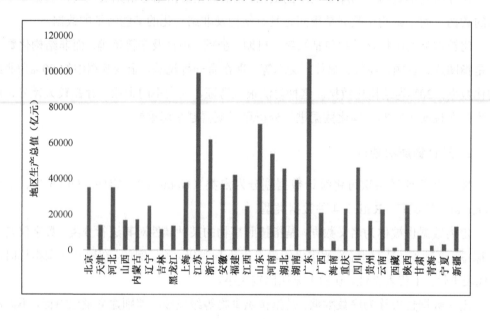

图4-1　2019年部分省（区、市）的地区生产总值

数据来源：国家统计局。

时间序列数据由顺序系列的数据点构成。不同于截面数据，时间序列数据需要考虑观测结果的顺序，以及在序列上紧密相连的观测结果会比相隔较远的观测结果更加紧密相关等问题。如图4-2所示为1979—2019年的国内生产总值，从图中可直观看出国内生产总值随着年份的增长而不断增加。

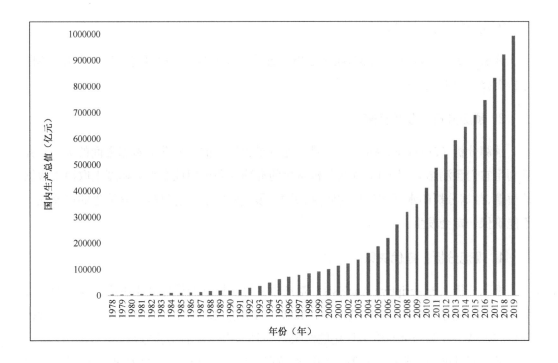

图 4-2　1979—2019 年的国内生产总值

数据来源：国家统计局。

面板数据也被称为平行数据，是指在时间序列上选取多个截面，并且在这些截面上同时选取样本观测值，由这些数值所构成的样本数据。在面板数据中既包含截面数据，也包含时间序列数据。例如，将全国各省、区、市（截面）的历年（时间序列）数据全部列出就形成了面板数据。

4.1.3　深挖数据的四种能力

若想深挖数据中的信息，就必须要掌握一定的知识与技能。Gartner 提出的需要培养的四种能力如下。

1. 描述分析：了解过去

描述分析（Descriptive Analysis）是数据分析的重要环节。通过描述分析可以初步了解数据的情况，还可以检测异常值，并且识别变量之间的关联。尽管描述分析相对简单，但其作用十分重要，为后续的分析奠定了坚实的基础。

2. 诊断分析：寻找原因

诊断分析（Diagnostic Analysis）是指检查数据或内容，寻找事情发生的原因。诊断分析需要对数据进行更深入的研究。

3. 预测分析：预知将来

预测分析（Predictive Analysis）是指通过过去发生的事件获取数据之间的关系，并且利用它们预测结果。因此，预测分析结果的准确性和可用性在很大程度上取决于数据的质量、数据分析的水平和假设的质量。另外，预测分析给出的仅是未来发生的可能性，不能确保一定会发生。

4. 规范分析：最优决策

规范分析（Prescriptive Analysis）是指根据算法模型的计算结果生成建议并做出决策。因此，使用运筹学、应用统计学、机器学习等解决决策中的优化问题，都属于规范分析的范畴。规范分析会给出优化的结果，并且给出建议的实施方案。

以上四种能力将数据分析划分为三个阶段，即后见之明、洞察力和远见，如图4-3所示的Gartner分析优势模型，其中，横轴代表困难，纵轴代表价值。

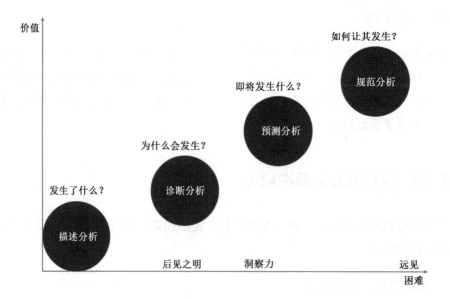

图4-3 Gartner分析优势模型

后见之明，又称"事后诸葛亮"，在这个阶段通常已经可以知道发生了什么事情，此时需要将已发生的事情使用数据进行整理。洞察力则是对后见之明的理解，例如，数据受到了哪些因素的影响？数据因为哪些因素的不同而产生了较大的差异？而远见则是预测最有可能发生的事情，以及对这些即将发生的事情进行模拟，从而找出最优的应对决策。

4.1.4 善用指标分析问题

前面提到可通过建立某种指标来衡量一些棘手的问题，并且提到了艾伦·图灵的图灵测试和哈里·马科维茨的现代投资组合理论。接下来将基于这些理论，通过2个案例呈现建立指标的思路，以及指标体系如何助力决策。

利用均值-方差模型评估金融风险，一直被认为是一个用来调整期望收益的重要方式。自从哈里·马科维茨提出了对收益分布的均值的背离，即将方差作为衡量风险的指标后，风险指标测度有了很大的提升，因为计算方差是较为便利且能够给出较强数学解释的方法。

方差作为指标虽好，但也具有不足之处。方差衡量的是实际收益围绕收益率的波动，若其低于收益率，则认为存在风险无可厚非，但若其高于收益率，是否也是存在风险的表现呢？这点是将方差作为指标存在的较大争议之一。可见，想要设计一个好的指标，需要注意很多问题。

哈里·马科维茨更倾向于使用另一个风险衡量指标，也就是投资组合收益的半方差（Semi-variance）。他认为，半方差是一个更合理的风险测度指标，相对于"表现较好"，投资者更关注"表现不佳"，即相对于收益，人们可能更在乎损失。

20世纪70年代末至80年代，许多主流的金融机构开始研究如何评估机构的整体风险。在这些研究成果中最有名的是由摩根大通（JP Morgan）提出的VaR（Value at Risk）。VaR按字面解释就是"处于风险状态的价值"，即在一定置信水平和一定持有期内，某投资在资产价格波动下所面临的最大损失额。VaR也被翻译成在险价值或风险价值，是一个衡量银行及其他金融机构风险的流行且重要的指标。

VaR的最大优点是将风险进行了总结，并且将其通过一个容易理解的具体数字展现出来。在此之前，管理人员对风险仅有一个模糊的概念。因此，VaR一经推出，就得到相关专业人士的青睐。

对统计学稍有涉猎的读者一看到VaR的定义就知道其主要衍生自统计学中分位数的概念。在统计学和概率学中，分位数是将概率分布的范围分割成具有相等概率的连续区间的切点，或者以同样的方式分割样本中的观测值。例如，4分位就是将数据集划分为4个大小相等的区间的3个切点。

请思考：95分位数是什么？99分位数又是什么？

下面通过一个示例加深对这个指标的理解。某人在过去一段时间内的收益/损失概率直方图如图 4-4 所示，共计 1000 个数值，横轴代表收益/损失的具体数值，纵轴代表该数值出现的概率。

在这种情况下，如果想要确定在 99%（置信水平）的情况下，损失不会超过某一数值，那么就可以找出在上述 1000 个数值中根据大小排列得出的第 11 个损失值[1]，这个值就是我们想要得出的风险值 VaR。

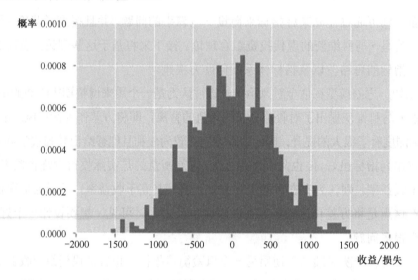

图 4-4　收益/损失概率直方图

也就是说，我们有 99%的把握，在一段时期内，亏损的金额不会超过上述的第 11 个损失值。通过分位数和对数值大小进行排序，可将一个复杂的风险问题转化为一个简单的数字，VaR 已成为金融机构流行使用的风险衡量指标之一。当然，这个指标也被不少学者诟病，一些学者也在不断研究新的风险衡量指标，感兴趣的读者可以自行阅读相关书籍，此处不再赘述。

一套完善的指标体系可以用来衡量企业的运营和财务状况，如麦肯锡的定价理论与杜邦分析（Dupont Analysis）体系。前者包含的指标过多且与企业所处的行业息息相关，较为复杂，这里简要介绍杜邦分析体系，如图 4-5 所示。

杜邦分析体系是杜邦公司推广的一种用来分析企业基本业绩的体系，该体系使投资者将注意力集中在财务业绩的关键指标上，从指标中发现尚存的不足之处，并且找到对应的解决方案。构建这样的体系可以使工作更加有的放矢。

---

[1] 11=1000×(1−0.99)+1。

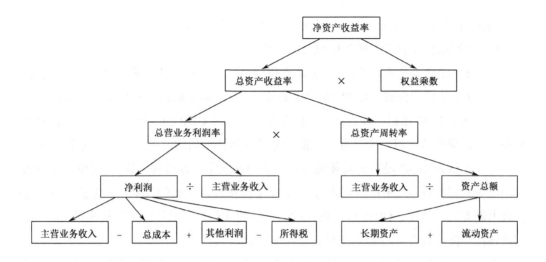

图 4-5　杜邦分析体系

4.2　数据的评估

4.2.1　指标真的可靠吗

前面提到了要善于通过构建指标来分析问题，当然，这种观点也不乏面临一些反对与质疑之声。例如，一些学者认为部分机构可能会对统计进行数据注水，通过操控数字来扭曲结果。同时，正所谓"考核什么就关注什么"，有些机构和个人会因此盲目关注某项指标。

指标之争，说到底很大一部分归因于人的设计标准。在设计指标时应当力求严谨、具体，同时考虑获取成本。比如，有些事物是可以量化的，而有些事物是没办法量化的；有些特征是值得量化的，有些特征则是可以忽略的。这些在设计指标时就要考虑清楚。同时，使用指标的人也应该清楚指标背后的含义，以及具体能够衡量什么和不能衡量什么。下面以国内生产总值为例来说明一些涉及指标的问题。

国内生产总值（Gross Domestic Product，GDP）是世界各国官方普遍认可、广泛采用的重要经济指标。诺贝尔经济学奖得主、著名经济学家保罗·萨缪尔森（Paul Samuelson）认为，GDP 是 20 世纪最伟大的发明之一。

GDP 是指一个国家或地区的所有常住单位在一定时期内生产活动的最终成果，其反映的是一个国家或地区的经济总体规模和经济结构。

GDP 核算方法可以分为生产法、收入法和支出法，核算公式如下。
- 生产法核算公式：增加值=总产出-中间投入。
- 收入法核算公式：增加值=劳动者报酬+生产税净额+固定资产折旧+营业盈余。
- 支出法核算公式：GDP =最终消费支出+资本形成总额+货物与服务净出口。

在了解了 GDP 指标的概念之后，再来分析一下对 GDP 的质疑。在分析之前，先要掌握一个最简单的常识，即没有一项指标是能够囊括一切的，单一指标一定是片面的。

有些人认为 GDP 没有衡量环境与自然资源的成本，也有些人认为 GDP 无法衡量人们生活的福祉程度，还有些人认为 GDP 不能衡量经济增长的效率，这些在 GDP 核算公式上确实无法体现。GDP 这一指标的设计目的就是衡量经济总体规模和经济结构，期待该指标能够包办一切是人在观念上存在的错误。

因此，考虑到经济增长、自然资源与生态环境，绿色 GDP 这个指标应运而生，其在衡量时将经济增长过程中的环境污染损失和资源耗减价值从 GDP 中扣除。尽管绿色 GDP 考虑了环境因素，但仍有不少专家认为人们生活的福祉程度依然没有被纳入指标。从某种意义上来说，这一指标在未来仍有不少改进空间。

以上示例从指标的科学设计层面说明了指标测量是有偏向的，很难通过一项指标衡量一切。因此，考核者如果过分看重某项指标，就会造成一定程度的数据扭曲。

那么，平均值是不是一项好的指标？简单来说，平均值是指算术平均值，即某个集合内的所有数字在求和后再除以集合个数所得的值。算术平均值可以用来表示某类群体的一般水平，也可以用来比较不同类别的事物的平均水平。比如，比较某个学校的平均成绩与另一个学校的平均成绩。

然而，算术平均值容易受到群体中极端值的影响，从而代表性较差。有这样一种说法，在比尔·盖茨进入酒吧后，尽管其他人的真实个人收入没有变化，但是酒吧的人均收入却大大提高了。表 4-1 给出了 3 类人群的收入，尽管人群 3 的平均收益均为 59 千美元，然而其是被单个特殊的人拉高的。此外，人群 1 和人群 2 的收入特征并不相同，人群 2 的收入波动更小，个体间的收入水平较为接近。

表 4-1　3 类人群的收入（单位：千美元）

编号	1	2	3	4	5	6	7	8	9	10	11	12	13	14	15
人群 1	11	58	17	9	62	57	65	56	40	49	41	91	49	85	37
人群 2	60	52	54	59	68	67	66	54	63	69	65	70	58	58	65
人群 3	1500	7	13	14	9	8	11	11	13	4	4	12	6	5
编号	16	17	18	19	20	21	22	23	24	25	26	27	28	29	30
人群 1	89	87	82	81	83	75	33	76	48	58	77	73	49	85	59
人群 2	59	53	55	51	50	53	52	64	53	58	66	56	55	59	58
人群 3	8	9	8	9	3	6	9	12	8	13	11	7	15	14	15

在后续章节中还会介绍一些描述统计指标,如反映集中趋势的算术平均数、几何平均数、加权平均数、中位数、众数,以及反映离中趋势的方差、标准差等。只有综合多项描述统计指标的优势,才能更好地总结数据的规律。

总而言之,在建立指标时,不管是从专业的维度,还是从统计的维度,都需要进行综合考量,不但要科学合理,还要注意不能以偏概全。

4.2.2 统计数据会"说谎"

数据为人们理解客观事实提供了极大的帮助,人们了解信息和做决策都以数据为依据。然而,如果呈现给人们的数据在一开始就出现了偏差,那么人们做出的判断相应也会出现错误。

想像一个卖西瓜的场景,假如你正好遇到卖西瓜的王婆,她正在大声吆喝,所谓"王婆卖瓜,自卖自夸",王婆声称她所有的瓜都既红又甜。你不相信王婆所说,于是和她打赌。请问你该如何从中挑选一个西瓜进行质量检验呢?如果你凭借直觉刻意选择一个,而不是随机选择,那么就有可能犯了选择性偏差(Selection Bias)的错误,这里涉及样本如何代表总体的相关知识。由此延伸到生活、工作和学习场景中,一个最重要的原则就是不能简单地只看表面的数据,还应该注意数据形成的方式。

一家培训机构对外声称凡是经其培训的学生,在考试中都取得了优异的成绩。那么,你会毫不犹疑地支付高额学费去这家机构学习吗?有些人可能会说,事实(数据)就摆在眼前,还有什么需要质疑的呢?但从选择样本的角度上来看,这些样本可能并不具有代表性,因为机构并不是随机选择学生的,更有可能是只接受那些成绩不错的学生,或是其认为有潜力的学生。

2008年全球金融危机,很多公司相继破产倒闭,其中不乏像雷曼兄弟公司这样的大公司,相当多的投资人蒙受了巨大的损失。有一位投资人宣称,他在那段时期的投资收益率反而达到了29%,远超过其他机构的投资收益率。看到这个数字,你会认为这个人真的是"股神"吗?这种现象在现实中其实非常普遍,这涉及小样本谎言的问题,我们不能只看最终数据,还要查看这个人在那段时期的具体投资情况。一个较为极端的情况是,这位"股神"可能根本不懂投资,只是运气好,购买了一只恰好逆势上扬的股票。

在大数据分析教学中,有一个非常经典的案例——啤酒和尿不湿。一家知名超市在分析销售数据后,发现啤酒和尿不湿的关联性很大,即购买了啤酒的人同时也购买了尿不湿,因此超市将啤酒和尿不湿摆放在一起销售。对很多人来说,这是一种违背常识的现象,然而这确实对两种商品的销售起到了促进作用。那么,是不是所有的超市都可以直接效仿这一行为呢？深入研究数据背后的现象发现，同时购买啤酒和尿不湿的都是些"奶爸"，尿不湿是小孩的刚需，啤酒则是爸爸们聚会或看比赛时的必备品，"奶爸"就是连接尿不湿与啤酒的纽带。但并不是所有的地区都符合这一现象，因此还需要结合当地情况，在深入调研后再做推广。很多时候，数据往往没有"撒谎"，根据数据做出相应推论时需要谨慎。

前面介绍了选择性偏差等导致数据无法真实反映现实的一些实例，由此可见，在拿到数据后，一定要留意数据产生的过程，谨防被某些机构或个人操控而上当受骗。

4.3 数据怎么用

4.3.1 数据清洗

很多初学者容易陷入一个误区，认为数据分析就是对完备的数据进行分析。然而，"理想很丰满，现实很骨感"。实际上，一个数据分析或人工智能项目80%的时间，甚至更多的时间都耗费在了数据的获取和预处理上。即便数据已经获取完毕，还需要对其进行清洗，才能得到完备、干净且符合要求的数据。通常，数据清洗包括对重复值、缺失值、异常值进行处理。

1. 重复值

对重复值进行处理是在数据清洗时要面对的问题之一。以某班学生的成绩单为例，有时可能会在样本输入时出现重复，如图4-6所示。

	ID	姓名	性别	语文	数学	英语
0	1	赵一	女	90.0	91.0	95.0
1	2	钱二	男	86.0	NaN	95.0
2	3	孙三	女	95.0	86.0	91.0
3	4	孙三	男	93.0	89.0	90.0
4	5	李四	男	92.0	91.0	NaN
5	6	周五	男	91.0	90.0	96.0
6	7	吴六	女	93.0	93.0	95.0
7	8	王七	男	92.0	90.0	88.0
8	9	郑八	女	95.0	85.0	90.0
9	9	郑八	女	95.0	85.0	90.0
10	10	宋九	男	91.0	84.0	86.0
11	11	杨十	男	NaN	91.0	92.0

图4-6 某班学生成绩单中的重复值

这时可以使用如下代码进行检查，能够迅速发现其中的一条重复记录。

transcript[transcript.duplicated()]   #发现重复值

结果如图 4-7 所示。

	ID	姓名	性别	语文	数学	英语
9	9	郑八	女	95.0	85.0	90.0

图 4-7 重复值

若想直接删除重复值，可以使用如下代码。

transcript.drop_duplicates()   #去除重复值所在行

删除重复值后生成的新成绩单如图 4-8 所示。

2. 缺失值

对缺失值进行处理也是数据清洗中的常见工作。数据采集设备故障或其他人为原因都会造成数据缺失。在图 4-8 所展示的删除重复值后生成的新成绩单中，NaN 代表的就是缺失值。缺失值在进行数据分析时十分棘手，因为丢失了相应的信息。若数据偶尔缺失，还可以通过插补的方式进行补充，但若是大面积缺失，就只能将其成列或成对删除。

	ID	姓名	性别	语文	数学	英语
0	1	赵一	女	90.0	91.0	95.0
1	2	钱二	男	86.0	NaN	95.0
2	3	孙三	女	95.0	86.0	91.0
3	4	孙三	男	93.0	89.0	90.0
4	5	李四	男	92.0	91.0	NaN
5	6	周五	男	91.0	90.0	96.0
6	7	吴六	女	93.0	93.0	95.0
7	8	王七	男	92.0	90.0	88.0
8	9	郑八	女	95.0	85.0	90.0
10	10	宋九	男	91.0	84.0	86.0
11	11	杨十	男	NaN	91.0	92.0

图 4-8 删除重复值后生成的新成绩单

通常，数据的插补是指在追查数据来源后进行人工补齐，也可以使用平均值进行填充。如果表中的数据是连续型数据，则可使用平均值进行填充；如果是离散型数据，则可使用众数进行填充。如图 4-9 所示的成绩单就含有缺失值（已删除重复值并调整序号），需要填充。

	ID	姓名	性别	语文	数学	英语
0	1	赵一	女	90.0	91.0	95.0
1	2	钱二	男	86.0	NaN	95.0
2	3	孙三	女	95.0	86.0	91.0
3	4	孙三	男	93.0	89.0	90.0
4	5	李四	男	92.0	91.0	NaN
5	6	周五	男	91.0	90.0	96.0
6	7	吴六	女	93.0	93.0	95.0
7	8	王七	男	92.0	90.0	88.0
8	9	郑八	女	95.0	85.0	90.0
9	10	宋九	男	91.0	84.0	86.0
10	11	杨十	男	NaN	91.0	92.0

图 4-9　含有缺失值的某班学生成绩统计单

若使用平均值进行填充，则可以使用如下命令：

transcript.fillna(transcript.mean())

经平均值填充后的新成绩单如图 4-10 所示。

	ID	姓名	性别	语文	数学	英语
0	1	赵一	女	90.0	91.0	95.0
1	2	钱二	男	86.0	89.0	95.0
2	3	孙三	女	95.0	86.0	91.0
3	4	孙三	男	93.0	89.0	90.0
4	5	李四	男	92.0	91.0	91.8
5	6	周五	男	91.0	90.0	96.0
6	7	吴六	女	93.0	93.0	95.0
7	8	王七	男	92.0	90.0	88.0
8	9	郑八	女	95.0	85.0	90.0
9	10	宋九	男	91.0	84.0	86.0
10	11	杨十	男	91.8	91.0	92.0

图 4-10　经平均值填充后的新成绩单

若使用中位数进行填充，则可以使用如下命令[1]：

1　第 5 章将对中位数进行详细介绍。

```
transcript.fillna(transcript.median())
```

经中位数填充后的新成绩单如图 4-11 所示。

	ID	姓名	性别	语文	数学	英语
0	1	赵一	女	90.0	91.0	95.0
1	2	钱二	男	86.0	90.0	95.0
2	3	孙三	女	95.0	86.0	91.0
3	4	孙三	男	93.0	89.0	90.0
4	5	李四	男	92.0	91.0	91.5
5	6	周五	男	91.0	90.0	96.0
6	7	吴六	女	93.0	93.0	95.0
7	8	王七	男	92.0	90.0	88.0
8	9	郑八	女	95.0	85.0	90.0
9	10	宋九	男	91.0	84.0	86.0
10	11	杨十	男	92.0	91.0	92.0

图 4-11 经中位数填充后的新成绩单

缺失值还可以使用插值法进行填充，命令如下：

```
transcript.interpolate()
```

经插值法填充后的新成绩单如图 4-12 所示。

	ID	姓名	性别	语文	数学	英语
0	1	赵一	女	90.0	91.0	95.0
1	2	钱二	男	86.0	88.5	95.0
2	3	孙三	女	95.0	86.0	91.0
3	4	孙三	男	93.0	89.0	90.0
4	5	李四	男	92.0	91.0	93.0
5	6	周五	男	91.0	90.0	96.0
6	7	吴六	女	93.0	93.0	95.0
7	8	王七	男	92.0	90.0	88.0
8	9	郑八	女	95.0	85.0	90.0
9	10	宋九	男	91.0	84.0	86.0
10	11	杨十	男	91.0	91.0	92.0

图 4-12 经插值法填充后的新成绩单

3. 异常值

在进行数据清洗时,时常会遇到异常值。异常值是指与其他观测值显著不同的数据点。根据常识就可以判断出数据存在异常,如身高 3 米。也可以通过 3σ 原则进行判断,即与平均值偏差超过 3 倍标准差的值为异常值,但这种数值出现的概率非常小[1]。

4.3.2 数据的标准化

由于不同数据的量纲有所不同,数据大小会存在很大差异,如图 4-13 所示为中国部分省、市的经济及其他指标。在进行数据分析及使用人工智能相应算法之前,需要将数据标准化,去除量纲的影响,将数据转化为无量纲的数据。将数据标准化的常用方法有 Z-Score 标准化、Min-Max 标准化等。

	省、市	2018年居民人均可支配收入(元)	2018年年末人口数(万人)	建设用地(千公顷)	专利申请数(件)	公共图书馆(个)
0	北京	62361	2154	360	20655	23
1	天津	39506	1560	417	15051	29
2	河北	23446	7556	2242	16707	173
3	上海	64183	2424	309	29258	23
4	江苏	38096	8051	2311	165096	116
5	浙江	45840	5737	1318	100254	103
6	安徽	23984	6324	2015	56596	126
7	广东	35810	11346	2072	241700	143

图 4-13 中国部分省、市的经济及其他指标[2]

1. Z-Score 标准化

假设一组数据为 $x_1, x_2, \cdots, x_n$,其中均值为 $\mu = \frac{1}{n}\sum_{i=1}^{n} x_i$,标准差为 $\sigma = \sqrt{\frac{1}{n}\sum_{i=1}^{n}(x_i - \mu)^2}$,则经过 Z-Score 标准化后的数据为:

$$x_i' = \frac{x_i - \mu}{\sigma} \quad (4-1)$$

使用如下 Python 命令对指标进行 Z-Score 标准化。

---

1 这点将在第 6 章中详细介绍,这里不作具体说明。
2 数据来源为国家统计局编制的《中国统计年鉴》,除"建设用地"一列使用了 2017 年的数据,其他列均来自 2018 年的数据。

```
import numpy as np
import pandas as pd
from sklearn import preprocessing
rd = pd.read_csv('stan.csv')
X = rd.iloc[:,1:]
X_zscore = preprocessing.scale(X)
```

经过 Z-Score 标准化的数据如图 4-14 所示。

```
array([[ 1.44232051, -1.09235449, -1.21858391, -0.76942046, -1.24668826],
       [-0.14955863, -1.27827386, -1.15051994, -0.8412728 , -1.13828058],
       [-1.26815758,  0.59844751,  1.02872125, -0.82004021,  1.46350361],
       [ 1.56922507, -1.00784569, -1.27948325, -0.65911608, -1.24668826],
       [-0.24776688,  0.75338031,  1.11111448,  1.0825468 ,  0.4336307 ],
       [ 0.29161234,  0.02910859, -0.07463155,  0.25116747,  0.1987474 ],
       [-1.23068521,  0.21283698,  0.75765947, -0.3085987 ,  0.61431016],
       [-0.40698962,  1.78470067,  0.82572344,  2.06473399,  0.92146524]])
```

图 4-14 经过 Z-Score 标准化的数据

经过 Z-Score 标准化的数据可以反映出数值距平均值的标准差距离，对于了解具体特征的分布有很大帮助。

2. Min-Max 标准化

Min-Max 标准化也被称为归一化。顾名思义，就是将数值限定在一个范围内，如 [0,1] 的区间范围内。

假设一组数据为 $x_1, x_2, \cdots, x_n$，Min-Max 标准化的公式为：

$$x_i' = \frac{x_i - x_{\min}}{x_{\max} - x_{\min}} \tag{4-2}$$

下面仍以图 4-13 中的数据为例，使用如下 Python 命令对指标进行 Min-Max 标准化。

```
import numpy as np
import pandas as pd
from sklearn import preprocessing
rd = pd.read_csv('stan.csv')
X = rd.iloc[:,1:]
X_minmax_Scaler = preprocessing.MinMaxScaler()
X_minmax = X_minmax_Scaler.fit_transform(X)
print(X_minmax)
```

经过 Min-Max 标准化的数据如图 4-15 所示。

```
array([[0.95527408, 0.06069896, 0.02547453, 0.02472546, 0.        ],
       [0.3942362 , 0.        , 0.05394605, 0.        , 0.04      ],
       [0.        , 0.61271204, 0.96553447, 0.00730645, 1.        ],
       [1.        , 0.08828939, 0.        , 0.06268283, 0.        ],
       [0.35962393, 0.6632945 , 1.        , 0.66201483, 0.62      ],
       [0.54972138, 0.42683425, 0.503996  , 0.37592489, 0.53333333],
       [0.01320667, 0.4868179 , 0.85214785, 0.18330105, 0.68666667],
       [0.30350787, 1.        , 0.88061938, 1.        , 0.8       ]])
```

图 4-15　经过 Min-Max 标准化的数据

4.4　本章小结

本章主要介绍了检索数据的方法及与数据相关的知识。首先，对数据进行泛化的阐释，讲解了数据的基本概念及深挖数据的四种能力，介绍了通过数据分析来处理问题的优点。其次，利用生活中的实例对数据进行了生动形象的评估。最后，介绍了如何使用数据，让数据为我所用。

第 5 章 描述统计

统计的 2 个定义如下。

（1）统计是对与某一现象有关的数据进行收集、整理和分析。

（2）统计是描述、总结某种现象的数据或其他信息。

当我们收集了一组数据，或是得到了一组样本数据时，我们总是希望能够通过这组数据的数字特征把握总体的规律。

描述统计学就是研究如何获取反映客观现象的数据，并且对所收集的数据进行加工处理，使其以图表形式呈现出来，进而通过综合分析总结出反映客观现象的规律性数字特征。

描述统计就是通过研究一组数据的数字特征来把握总体的规律。常用的数字特征有均值、中位数、众数、极差、方差等，这些特征信息描述了数据集中趋势和数据离散程度。

5.1 数据集中趋势

数据集中趋势是指一组数据向其中心值靠拢的倾向和程度。集中趋势测度是指寻找数据的水平代表值或中心值，常用指标为均值、中位数、众数。

数据的中心值是我们最容易想到的数据特征。通过计算中心值，我们可以知道数据的平均情况，如果要对新数据进行预测，那么计算其平均情况是较为直观的方式。数据的中心值包括均值（Mean）、中位数（Median）、众数（Mode）。其中，均值和中位数用于定量数据的新数据预测，众数用于定性数据的新数据预测。

5.1.1 均值的定义与应用

均值是描述一组数据集中趋势的统计量，其值等于一组数据中的所有数据之和除以这组数据的个数，也被称为平均数，是反映数据集中趋势的一项指标。

1. 均值的计算

均值的数学表达式为：

$$\bar{X} = \frac{\sum_{i}^{n} X_i}{n} \tag{5-1}$$

其中，$\bar{X}$ 是该组数据的均值，X_i 是第 i 个数据的取值，n 是该组数据的个数。

例如，在某次考试中，A 班和 B 班的成绩如下。

- A 班：70，85，68，92，98。
- B 班：82，85，95，83，80。

通过计算得出两个班级的平均成绩如下。

- A 班：82.6。
- B 班：85.0。

在 Python 中，我们可以使用 NumPy 库中的 mean 函数求一组数据的均值，代码如下。

```
import numpy as numpy              #导入 NumPy 库
listA = [70,85,68,92,98]           #A 组数据赋值列表 listA
listB = [82,85,95,83,80]           #B 数据赋值列表 listB
meanA = numpy.mean(listA)          #求 A 组数据的均值并赋值给 meanA
meanB = numpy.mean(listB)          #求 B 组数据的均值并赋值给 meanB
print('A 组数据的均值:',meanA)      #显示 A 组数据的均值
print('B 组数据的均值:',meanB)      #显示 B 组数据的均值
```

运行结果如下。

- A 组数据的均值：82.6。
- B 组数据的均值：85.0。

2. 均值在生活中的应用

均值在生活中也被广泛应用。例如，我们可以统计周一至周五学生每天完成作业所用的时间，求出均值，以此为依据为学生预留出做作业的时间，帮助他们更合理地安排时间，制订学习计划。再例如，均值也可用于比较当地教师和公务员的平均工资，以此提高教师待遇，吸引更多优秀人才加入教师队伍。

3. 均值的不足之处

一组数据的均值受其极值的影响较大。假设学校篮球队有 5 个即将毕业的大学生，他们在 NBA 第一年的合约金（单位：美元）如下（0 意味着没有拿到合约）：0，0，0，0，10000000。

其合约金的均值为 $\frac{0+0+0+0+10000000}{5}=2000000$。

那么，该篮球队大学生的平均合约金为 200 万美元的说法是否合理？显然是不合理的。其中一名球员的高额合约金拉高了整体的均值。如果我们忽略这名球员，只考虑其他 4 名球员，那么平均合约金则为 0 美元。因为相比其他数值，1000 万美元这一数值显然过高，所以我们称其为异常值或极值。如本案例所示，一个异常值可以显著提高或降低均值，使整体数据不具有代表性。

这也是为什么一些比赛（如跳水比赛）在统计成绩时会去掉一个最高分和一个最低分，这是为了消除极值对均值的影响，让成绩能更真实地反映选手的实力。

5.1.2 中位数的定义与应用

中位数又被称为中值，在有限的数集中，将所有观察值由高至低排序，排序后正中间的一个数字就是中位数。中位数将整组数据以中间数据为中心等分为两部分，每部分都包含 50%的数据，一部分数据比中位数大，另一部分则比中位数小。中位数不受极值的影响，既适合测试顺序数据的集中趋势，也适合测试定量数据的集中趋势。

与均值相同，一组数据中只有一个中位数，将组中的 n 个数据从小到大依次排序后，就可以计算中位数，中位数的计算分为以下 2 种情况。

（1）当 n 为奇数时，中位数等于第$(n+1)/2$ 个数对应的值。

（2）当 n 为偶数时，中位数等于第 $n/2$ 个和第$(n/2)+1$ 个数的平均值。

1．中位数的应用

A 组：58，32，46，92，73，88，23。

（1）将其从小到大进行排序：23，32，46，58，73，88，92。

（2）找出处于中间位置的数字：23，32，46，**58**，73，88，92。

在 A 组中，有 3 个数字比 58 小，3 个数字比 58 大。

B 组：58，32，46，92，73，88，23，63。

相比 A 组，B 组增加了一个数字 63。

（1）将其从小到大进行排序：23，32，46，58，63，73，88，92。

（2）找出处于中间位置的数字：23，32，46，**58**，**63**，73，88，92。

此时，数据的总个数为偶数，处于中间位置的数据有 2 个：58，63。中位数为中间 2 个数字的算术平均数，即中位数=(58＋63)÷2=60.5。

2. 使用 Python 代码求中位数

(1) 方法一。

在 Python 中，我们可以根据中位数的定义，自定义一个函数来求上述 A、B 两组数据的中位数，代码如下。

```
Def descriptive_median(list):           #定义一个函数
    list = sorted(list)
    size = len(list)
    if size % 2 == 0:                   #判断列表长度为偶数
        return (list[size//2]+list[size//2-1])/2
    else:                               #判断列表长度为奇数
        return list[(size-1)//2]
listA = [23,32,46,58,73,88,92]
listB = [58,32,46,92,73,88,23,63]
MedianA = descriptive_median(listA)
MedianB = descriptive_median(listB)
print('A 组数据的中位数:',MedianA)       #显示 A 组数据的中位数
print('B 组数据的中位数:',MedianB)       #显示 B 组数据的中位数
```

运行后得出的结果如下。

- A 组数据的中位数：58.0。
- B 组数据的中位数：60.5。

(2) 方法二。

在 Python 中，我们还可以使用 NumPy 库中的 median 函数来求上述 A、B 两组数据的中位数，代码如下。

```
import numpy as np
listA = [23,32,46,58,73,88,92]
listB = [58,32,46,92,73,88,23,63]
MedianA = np.median(listA)
MedianB = np.median(listB)
print('A 组数据的中位数:',MedianA)       #显示 A 组数据的中位数
print('B 组数据的中位数:',MedianB)       #显示 B 组数据的中位数
```

运行后得出的结果如下。

- A 组数据的中位数：58.0。
- B 组数据的中位数：60.5。

3. 中位数在生活中的应用

假设一位田径教练想确定运动员们的训练适宜心率，她选择了 5 位最好的田径运动员，让他们在运动时佩戴心率检测器。在训练过程中，她得到了 5 位运动员的心率，

分别为130，135，140，145，325。在这个案例中，使用哪种平均测量方式所得出的结果会更准确？是均值，还是中位数？在这5个数据中，有4个数值相对接近，作为训练时的参考心率似乎很合理，只有325这个数据是异常值。此异常值看上去像是一个错误（有可能是心率检测器故障），因为任何人若达到这一心率，都会出现心脏骤停的危险状况。如果教练使用均值来体现整体的心率平均水平，那就会包含这个异常值，此时使用得出的数据就会出现危险。如果使用中位数来体现心率的平均水平，那么将会得出一个更为合理的数值，因为中位数不受异常值影响。

再举一例。在某城市随机调查了5个家庭后，得出每个家庭的人均月收入数据（单位：元）为：3000，1500，3400，2400，4500。以此计算5个家庭人均月收入的中位数。将它们从小到大排序，结果为：1500，2400，3000，3400，4500。总计有5个数据，计算中位数位置，即(5+1)÷2=3，可知中位数为序列中第3个位置的数据，中位数为3000。

如果数据个数为偶数，假设抽取了6个家庭，那么每个家庭的人均月收入数据在排序后为：1500，2400，3000，3200，4000，4500。此时，序列中第3个位置和第4个位置的数据的平均值即为中位数，计算可得：(3000+3200)÷2=3100。

中位数是一个位置代表值，其特点是不受异常值的影响，在分析收入分配的数据时很有参考价值。

5.1.3 众数的定义与应用

众数是在描述分类数据的集中趋势时最常用的一种测度值，其主要适用于分类数据，当然也适用于顺序数据及定量数据。一般只有在数据量较大的情况下，众数才有意义。

众数是指在一组数据中出现次数最多的数值，其特点是不受极值影响，不仅适用于数值型数据，也同样适用于非数值型数据。

1. 众数的应用

A组：1，2，2，3，3。在这组数据中，2和3是众数。

B组：1，2，3，4，5。在这组数据中，众数不存在。

C组：苹果，苹果，香蕉，橙子，橙子，橙子。在这组数据中，没有均值和中位数，但是存在橙子这个众数。

需要注意的是，一组数据中可能会存在一个或多个众数，也可能不存在众数。

2. 使用Python代码求众数

A组：1，2，3，4，5，6，7，5，9，8，6，7，3，5。

B组：'1'，'1'，'5'，'3'，'3'，'2'，'2'。

在 Python 中，我们可以使用以下 3 种方法求 A 组与 B 组的众数。

（1）方法一：使用 Pandas 库中的 mode 函数求众数。

```
import pandas as pd                    #导入 Pandas 库
numlistA = [1,2,3,4,5,6,7,5,9,8,6,7,3,5]    #数值型数据
numlistB = ['1','1','5','3','3','2','2']    #品质型数据
s1 = pd.Series(numlistA)
res1 = s1.mode()
s2 = pd.Series(numlistB)
res2 = s2.mode()
print('A 组数据众数:',res1.values)
print('B 组数据众数:',res2.values)
```

运行后得出结果如下。

- A 组数据众数：5。

- B 组数据众数：'1', '2', '3'。

（2）方法二：使用 NumPy 库求众数。

```
import numpy as np                     #NumPy 库适用于非负数据集
numlistA = [1,2,3,4,5,6,7,5,9,8,6,7,3,5]    #数值型数据
numlistB = ['1','1','5','3','3','2','2']    #品质型数据
countsA = np.bincount(numlistA)    #使用 np.bincount 方法返回一个长度为 nums 最大值的列表
resA = np.argmax(countsA)
countsB = np.bincount(numlistB)    #使用 np.bincount 方法返回一个长度为 nums 最大值的列表
resB = np.argmax(countsB)
print('A 组数据众数:',resA)
print('B 组数据众数:',resB)
```

运行后得出结果如下。

- A 组数据众数：5。

- B 组数据众数：1。

注意：B 组数据中其实有 3 个众数，但使用 NumPy 库只能求出 1 个众数，此方法适用于非负数据集。

（3）方法三：使用 SciPy 库求众数。

```
from scipy import stats
numlistA = [1,2,3,4,5,6,7,5,9,8,6,7,3,5]    #数值型数据
numlistB = ['1','1','5','3','3','2','2']    #品质型数据
resA = stats.mode(numlistA)
resB = stats.mode(numlistB)
print('A 组数据众数:',resA[0])
print('B 组数据众数:',resB[0])
```

运行后得出结果如下。
- A 组数据众数：5。
- B 组数据众数：1。

注意：在使用 SciPy 库求众数时，若存在多个众数，则只返回 1 个。

如表 5-1 所示为常用的集中趋势测度指标及其优缺点。

表 5-1 常用的集中趋势测度指标及其优缺点

项目	定义	优点	缺点
均值	所有数值的和除所有数值的个数所得的值	充分利用所有数据，适用性强	容易受到极值影响
中位数	中间的数值	不受极值影响	缺乏敏感性
众数	出现次数最多的数值	• 当数据具有明显的集中趋势时，代表性好； • 不受极值影响	缺乏唯一性。可能有 1 个；可能有 2 个；也可能 1 个都没有

5.1.4 案例分析

如表 5-2 及表 5-3 所示为 A 公司与 B 公司的薪资待遇数据。

表 5-2 A 公司的薪资待遇数据

职位	经理	高级员工	普通员工
薪资（元）	100000	10000	7500
员工人数（人）	1	15	20

表 5-3 B 公司的薪资待遇数据

职位	经理	高级员工	普通员工
薪资（元）	20000	11000	9000
员工人数（人）	1	20	15

比较 A、B 两家公司，如果只考虑薪资，请问你会选择哪家公司？

（1）均值。
- A 公司：$(100000×1+10000×15+7500×20)÷36 =11111.11$。
- B 公司：$(20000×1+11000×20+9000×15)÷36 =10416.67$。

在比较薪资的均值后，发现 A 公司的薪资高于 B 公司。

(2) 中位数。

- A 公司：7500。
- B 公司：11000。

在比较薪资的中位数后，发现 B 公司的薪资高于 A 公司。

(3) 众数。

- A 公司：7500。
- B 公司：11000。

在比较薪资的众数后，发现 B 公司的薪资高于 A 公司。

综上所述，从薪资的均值来看，A 公司的薪资比较高，但这是因为 A 公司存在的极值（10000 元）拉高了 A 公司的均值，此时只考虑均值明显不太科学。而从薪资的中位数和众数来看，B 公司的薪资比较高。因此，普通员工选择 B 公司更合适。

那么，如何使用 Python 对两家公司的薪资待遇进行比较呢？

首先，导入基本数据。我们把数据通过 Excel 保存为.xlsx 文件，然后把文件保存在计算机中。Python 主要使用 Pandas 库的 read_x() 方法导入数据，其中 x 表示待导入文件的格式。在 Python 中使用 read_excel() 方法导入.xlsx 文件。在导入文件时还要指定文件路径，即文件存放位置。本案例的文件保存在 F 盘，文件名 AB.xlsx。

其次，将本地文件导入 DataFrame，默认使用源数据表的第一行作为列索引。DataFrame 是由一组数据与一对索引（行索引和列索引）组成的表格型数据结构。之所以称其为表格型数据结构，是因为 DataFrame 的数据形式和 Excel 的数据存储形式很接近，如图 5-1 所示。

0	经理	100000	经理	20000
1	高级员工	10000	高级员工	11000
2	高级员工	10000	高级员工	11000
		……		
15	高级员工	10000	高级员工	11000
16	普通员工	7500	高级员工	11000
		……		
20	普通员工	7500	高级员工	11000
		……		
35	普通员工	7500	普通员工	9000

图 5-1 DataFrame 的数据形式

使用 Python 编写如下代码：

```
import pandas as pd                    #导入 Pandas 库
```

```
df = pd.read_excel("f:/AB公司.xlsx")    #将 AB.xlsx 导入 DataFrame
MeanA = df["A 薪资"].mean()              #A 公司薪资均值
MeanB = df["B 薪资"].mean()              #B 公司薪资均值
MedianA = df["A 薪资"].median()          #A 公司薪资中位数
MedianB = df["B 薪资"].median()          #B 公司薪资中位数
ModeA = df["A 薪资"].mode()              #A 公司薪资众数
ModeB = df["B 薪资"].mode()              #B 公司薪资众数
print("A 薪资均值:{:.2f},B 薪资均值:{:.2f}".format(MeanA,MeanB))
print("A 薪资中位数:{},B 薪资中位数:{}".format(MedianA,MedianB))
print("A 薪资众数:{},B 薪资众数:{}".format(ModeA,ModeB))
```

代码运行结果如下。

A 薪资均值:11111.11,B 薪资均值:10416.67
A 薪资中位数:7500.00,B 薪资中位数:11000.00
A 薪资众数:7500,B 薪资众数:11000

5.2 数据离散程度

描述数据的另一个维度就是离散程度。离散程度反映的是各变量值远离其中间值的程度，如图 5-2 所示。

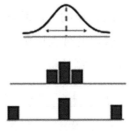

图 5-2 数据离散程度

假设现在有 A、B 两组数据。
- A 组：1，2，5，8，9。
- B 组：3，4，5，6，7。

两组数据的均值都是 5。这样看来，描述数据集中趋势的数据量不够，不能体现组中的数据特征，还需要使用描述数据离散程度的统计量，即离散数据的常用指标：极差和方差。

5.2.1 极差的定义与应用

1. 极差的定义

极差是测定离中趋势的一种简便方法,可展现出一组数据中各数值的最大变动范围,但由于其是根据数据组的两个极值进行计算的,没有考虑中间变量值的变动情况,所以也不能充分反映所有数据的离中趋势,只是一个比较粗糙的用来测定数据离中趋势的指标。

下面介绍 4 个常用概念。

(1) 最大值:一组数据中最大的值。

(2) 最小值:一组数据中最小的值。

(3) 极差:也被称为全距,是一组数据中最大值与最小值之间的距离,可用来简单描述数据的范围。

(4) 极差=最大值-最小值。

以前面提到的 A、B 两组数据为例,计算极差。

- A 组极差:9-1=8。
- B 组极差:7-3=4。

同样是 5 个数据,A 组的极差比 B 组的大,所以 A 组比 B 组分散。

但是,极差在用于衡量数据离散程度时也存在不足,如 A 组数据为 1,2,5,8,9;B 组数据为 1,4,5,6,9,两组数据的极差相同,都是 9-1=8,如图 5-3 所示。

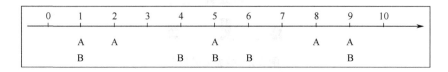

图 5-3 A 组与 B 组极差相同

但从图 5-3 中也可看出,A 组比 B 组分散得多。

使用 Python 求极差的过程如下。

```
dataA=[1,2,5,8,9]              #先定义一个 A 列表
dataA_max=max(dataA)           #计算这个列表的最大值
print('A 最大值 =',dataA_max)
dataA_min=min(dataA)           #计算这个列表的最小值
print('A 最小值 =',dataA_min)
rangeA=max(dataA)-min(dataA)   #计算这个列表的极差(全距)
```

```
print('A 极差 =',rangeA)
dataB=[3,4,5,6,7]              #先定义一个 B 列表
dataB_max=max(dataA)           #计算这个列表的最大值
print('B 最大值 =',dataB_max)
dataB_min=min(dataB)           #计算这个列表的最小值
print('B 最小值 =',dataB_min)
rangeB=max(dataB)-min(dataB)   #计算这个列表的极差（全距）
print('B 极差 =',rangeB)
```

代码运行结果如下。

```
A 最大值=9
A 最小值=1
A 极差=8
B 最大值=7
B 最小值=3
B 极差=4
```

2. 极差在生活中的应用

在生活中，极差可用于粗略检查产品质量的稳定性和进行质量控制。因为在正常的生产条件下，产品质量比较稳定，误差总是控制在一定范围内，如果出现异常，那么误差将会超出规定范围。因此，极差有助于技术人员发现问题并采取应对措施，保证产品质量。

在一些竞技比赛中，教练通常会选派那些获胜时优势分差的最小值较大的选手参加比赛。例如，在乒乓球比赛中，A 选手在对战 B 选手时，3 局比分分别为 11:3（8），11:4（7），11:5（6），括号中为 2 位选手的每局分差，3 局中获胜优势分差的最小值是 6，极差是 8-6=2。C 选手在对战 B 选手时，3 局比分分别为 11:2（9），11:9（2），11:8（3），括号中为 2 位选手的每局分差，3 局中获胜优势分差的最小值是 2，极差是 9-2=7。由此可见，派 A 选手对阵 B 选手相对来说获胜优势更大。

尽管极差计算起来很容易，也十分有效，但有时也会产生误区。例如，9 名学生的 2 项小测验分数如下。哪组数据极差更大？这组数据的离散程度是否很大？

- 小测验 1：1，10，10，10，10，10，10，10，10。
- 小测验 2：2，3，4，5，6，7，8，9，10。

测验 1 的极差是 10-1=9，大于测验 2 的极差 10-2=8。但若不考虑单一的低值（1 个异常值），测验 1 没有任何离散，因为每个学生都获得了 10 分。相比之下，在测验 2 中没有学生获得相同的分数，分数在设定的范围内广泛分布。因此，尽管测验 1 的极差更大，但测验 2 的离散程度更大。

5.2.2 方差的定义与应用

方差是描述一组数据离散程度的度量，用来计算每个变量（观察值）与总体均值之间的差异。方差是各数据与均值之差的平方的平均数。方差越小，这组数据越接近均值，数值越稳定。

方差的表达式为：

$$s^2 = \frac{\sum_{n}^{i}(X_i - \bar{X})^2}{n} \tag{5-2}$$

其中，X_i 是每个变量，$\bar{X}$ 是总体的均值，n 是该组数据的个数。

我们还是以本节一开始提到的 A、B 两组数据为例，它们的均值都是 5。

将数据代入式（5-2）进行计算，得出如下方差。

- A 组：$\dfrac{(1-5)^2 + (2-5)^2 + (5-5)^2 + (8-5)^2 + (9-5)^2}{5} = 10$。

- B 组：$\dfrac{(3-5)^2 + (4-5)^2 + (5-5)^2 + (6-5)^2 + (7-5)^2}{5} = 2$。

通过比较二者的方差可以看出，A 组比 B 组的离散程度大。

使用 Python 求方差的代码如下。

```
import numpy as np
dataA=[1,2,5,8,9]          #定义一个 A 列表
dataB=[3,4,5,6,7]          #定义一个 B 列表
varA = np.var (dataA)
varB = np.var (dataB)
print ('A 组方差:{},B 组方差{}'.format(varA,varB))
```

代码运行后，得出如下结果。

- A 组方差：10.0。
- B 组方差：2.0。

我们以某次射击成绩为例，再次分析方差在实际中的应用。

A 射手 5 次射击的成绩分别为 9.4，9.4，9.4，9.6，9.7；B 射手 5 次射击的成绩分别为 9.5，10，9.1，9.6，9。

经计算得出如下结果。

- A 射手的方差：0.016。
- B 射手的方差：0.13。

通过方差可以分析出，A 射手比 B 射手发挥稳定。

5.3　本章小结

描述统计分析是一种对所收集的数据进行分析,从而得出反映客观现象的各种数据特征的分析方法,它包括数据集中趋势分析、数据离散程度分析、数据的频数分布分析等,描述统计分析是对数据进一步分析的基础。

描述统计主要从集中趋势和离散程度两个方面来对数据进行分析。

集中趋势指标是用来反映某一现象在一定时间段内所达到的一般水平,通常用评价指标来表示。平均指标分为数值平均和位置平均（中位数）。例如,某地的平均工资就是一个集中趋势指标。

数值平均是统计数列中所有数值平均的结果。位置平均基于某个特殊位置上的数值或普遍出现的数值,即用出现次数最多的数值来表示这一系列数值的一般水平。基于位置的指标最常用的就是中位数,基于出现次数最多的指标就是众数。

中位数是将系列中的所有数值按照从小到大的顺序排列,处于中间位置的数值就是中位数。因为处于中间位置,有一半变量值大于该值,一半小于该值,所以可以用这样的中位数来表示整体的一般水平。

众数是一系列数值中出现次数最多的数值,是总体中最普遍的值,因此可以用来代表一般水平。众数可以存在一个,也可以存在多个,也可能没有。

如前面所述平均数可以让我们确定一批数据的中心,但是无法让我们知道数据的变动情况,因此引入极差的概念：极差=最大值-最小值。极差容易受异常值影响,其只表示了数据的宽度,没有描述清楚数据上下界之间的分布形态。

方差是每个数值与均值距离的平方的平均值,方差越小,各数值与均值之间的差距越小,数值越稳定。标准差是方差的开方,表示数值与均值距离的平均值。

第 6 章 推断统计

在解决实际问题时，通常使用的方法是对随机变量进行多次观测，并且使用得到的数据推断该变量的分布规律，这也是数理统计的实现过程。一般的统计方法分为两大类：描述统计方法和推断统计方法。描述统计方法主要是对已经获得的数据进行整理、概括，使之系统化、条理化，以便能够更好地刻画总体或样本所具有的特性。然而，在实际问题中，随机变量的分布往往是未知的，或者含有未知的成分，所以更多的是使用推断统计方法，即依据所获得的样本数据，在一定可信程度上对总体的分布特征进行估计和推测，检验与总体有关的假设。因此，我们需要研究如何有效收集数据，并且利用统计模型对这些数据进行分析，提取数据中的有用信息，形成统计结论，从而认识事物的规律。

6.1 基础知识要点

6.1.1 排列与组合

我们通过一个案例来了解排列与组合的基本知识。假期来临，在美国留学的阿元希望回到自己的家乡中国山东。但受新冠肺炎疫情影响，从美国回到中国山东必须途径韩国转机。现已知的可选行程示意图如图 6-1 所示，从美国飞往韩国有 P_1、P_2、P_3 3 趟航班，韩国前往中国山东的途径有 2 种，即坐飞机或坐游轮，其中飞机有 P_4、P_5 2 个班次，邮轮有 S_1、S_2、S_3 3 个班次。那么，阿元从韩国前往中国山东有几种可选方案呢？从美国前往中国山东又有几种可选方案呢？

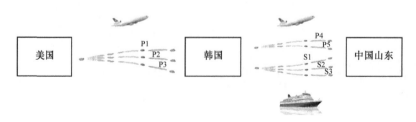

图 6-1 可选行程示意图

通过图 6-1 可知，从韩国前往中国山东有飞机和游轮 2 种交通工具可选，而飞机又有 2 种选择，游轮又有 3 种选择，那么很容易得出从韩国前往中国山东有 2+3=5 种方案。

由上述案例可知，完成一件事情的方法有很多种，我们可以将各种方法相加，这就是所谓的加法原理。例如，有 2 类不同的方法：方法甲与方法乙。在方法甲中又有 m 种方式，在方法乙中又有 n 种方式，通过这些方式都可以完成这项工作，那么完成这项工作的方式共有 $m+n$ 种。若有更多种方法，则可以进行更多项的累加。

还是回归到案例上。从美国飞往中国山东共有几种方案可选呢？我们知道，这趟行程必须先抵达韩国转机，才能到达中国山东，故而存在 2 个步骤。而从美国飞往韩国有 2 趟航班可选，根据上文可知，从韩国前往中国山东有 5 种方案可选，那么，从美国飞往中国山东共有 2×5=10 种方案。遇到类似上述需要通过多个步骤且必须按步骤进行的情况，可以将各步骤中的方案数量相乘，这就是所谓的乘法原理。例如，必须通过 2 个步骤才能完成工作，第 1 个步骤有 m 种方式，第 2 个步骤有 n 种方式，则完成该工作共有 $m×n$ 种方式。若有更多的步骤，则进行更多项的累乘。

接下来介绍排列与组合的计算。还是以案例的形式来介绍，某班级足球队有 8 名球员，现校足球队进行队员选拔。

问题 1：在不考虑守门员人选固定的情况下，要从该队中按固定阵型挑选 5 名球员进行试训比赛，能排列出多少套不同的首发阵容呢？

由于阵型固定，场上的每个位置都需要由不同的球员承担，位置上的球员不同，则阵容不同，即从 8 人中选择 5 人按顺序排列。可以假设从 n 个不同元素中任选 r 个元素（不允许重复，$r<n$）并按照一定顺序排成一列，即从 n 个不同元素中取 r 个元素的一个选排列。其排列总数用 A_n^r 来表示，则有公式：

$$A_n^r = n(n-1)\cdots(n-r+1) = \frac{n!}{(n-r)!} \tag{6-1}$$

编写如下 Python 代码：

```
import math

def A(n,r):
    value = math.factorial(n)/math.factorial(n-r)
    return value

print(A(8,5))
```

计算得出的结果为 6720 种。

问题 2：在不考虑守门员人选固定的情况下，要求 8 名球员均参与试训比赛，这时按固定阵型能排列出多少套不同的首发阵容呢？

与问题 1 同理,但此时全队 8 人均需按顺序排列,那么可假设将 n 个不同元素按照一定顺序排成一列,即形成 n 个不同元素的一个全排列。其排列总数用 P_n 来表示,则有公式:

$$P_n = n(n-1)\cdots 3 \times 2 \times 1 = n! \qquad (6\text{-}2)$$

编写如下 Python 代码:

```
import math

def P(n):
    value = math.factorial(n)
    return value

print(P(8))
```

计算得出的结果为 40320 种。

问题 3:如果要从该队中挑选球员试训前锋、中场、后卫 3 个位置各 1 次,优秀球员至多可以试训 3 个位置,那么有多少种不同的试训方法?

每名球员均有机会参与 3 次试训,并且允许同一球员重复参加。可以假设从 n 个不同元素中任取 r 个元素(允许重复,$r \leqslant n$)并按照一定顺序排列成一列,即形成一个可重复的排列。其排列总数用 U_n^r 来表示,则有公式:

$$U_n^r = \underbrace{n \times n \cdots n}_{r \uparrow n} = n^r \qquad (6\text{-}3)$$

编写如下 Python 代码:

```
import math

def U(n,r):
    value=math.pow(n,r)
    return value

print(U(8,3))
```

计算得出的结果为 512 种。

问题 4:若要从该队中同时挑选出 5 名不同球员参与试训,那么有多少种不同的试训方法?

从 8 名球员中任取 5 名球员并不计顺序地排成一组,同时挑选,不允许重复。可以假设从 n 个不同元素中任取 r 个元素(不允许重复,$r \leqslant n$)并不计顺序地排成一组,即从 n 个不同元素中取 r 个元素构成一个组合。其组合总数用 C_n^r 来表示,则有公式:

$$C_n^r = \frac{A_n^r}{r!} = \frac{n(n-1)\cdots(n-r+1)}{r!} = \frac{n!}{r!(n-r)!} \qquad (6\text{-}4)$$

编写如下 Python 代码:

```
import math

def C(n,r):
    value = math.factorial(n)/(math.factorial(r)*math.factorial(n-r))
    return value

print(C(8,5))
```

计算得出的结果为 56 种。

6.1.2 随机事件及其概率

在生活中往往会遇到两类现象。一类是可预知结果的,如早晨太阳一定会升起,夜晚太阳一定会落下,我们称这类现象为确定性现象或必然现象。而另一类则是不可预知结果的,在相同条件下重复实验,结果未必相同,即无法通过过去的状态预测出将来的状态,如投掷骰子时无法知道哪个点数向上,我们称这一现象为偶然性现象或随机现象。同时,我们将在一定条件下可能发生也可能不发生的事件称为随机事件。在根据随机现象进行试验时,使用的最经典的试验模型是古典概型。

如果试验结果只有有限的几种,而且每种结果出现的概率相同,那么就称这样的试验模型为等可能概率或古典概率模型,简称为等可能概型或古典概型。例如,如果投掷一枚六面骰子,那么一次只能有一面向上,而且每一面向上的概率相等。一次随机试验所产生的每一个可能的结果就是一个基本事件,多个基本事件组成一个事件组。一个事件组包含 n 个基本事件 $A_1, A_2, \cdots, A_n$,其具有下列 3 条性质。

(1)等可能性: $A_1, A_2, \cdots, A_n$ 发生的概率相同。

(2)完全性: 在任意一次试验中, $A_1, A_2, \cdots, A_n$ 中至少有一个发生。

(3)互不相容性: 在任意一次试验中, $A_1, A_2, \cdots, A_n$ 中至多有一个发生。

若事件 B 由上述事件组中的某 m 个基本事件 $A_{i_1}, A_{i_2}, \cdots, A_{i_m} (m \leqslant n)$ 所构成,则事件 B 的概率 P 可通过下列公式来计算:

$$P(B) = \frac{m}{n} \tag{6-5}$$

6.2 概率分布及其特征

虽然随机现象不可预测,但所谓的不可预测只针对一次或少次实验和观测而言。当在相同条件下进行大量重复性实验与观测时,结果就会呈现出规律性,即统计规律性。推断统计方法就是研究如何收集、整理和分析包含随机事件的实际问题的相关数据,从而对所考察的现象或问题进行描述,并且给出一定的有效结论的方法。

6.2.1 二项分布

二项分布是17世纪瑞士数学家雅各布·伯努利(Jakob Bernoulli)通过试验得出的成果,其用于描述可取的、不连续的、有限个值的随机变量。伯努利试验(Bernoulli Experiment)是一个只有2种结果的简单试验,它的结果只能为成功或失败、0或1、开或关,没有中立,也没有妥协的余地。在伯努利试验中,最经典的例子便是投掷硬币,硬币落地只可能是正面或反面。类似的情况还有婴儿出生,婴儿只能是男孩或女孩。抑或是在一天24小时中,只存在下雨或艳阳天2种天气。针对每种情况都可以设计"成功"或"失败"2种结果,例如,将硬币正面朝上、出生的是女孩、艳阳天设定为"成功"。但是从概率的角度来看,将硬币反面朝上、出生的是男孩、下雨天设定为"成功"也不会产生任何差异,那么在这样的情况下,"成功"不具有价值取向。

1. 基本内容

二项分布用于计算在 n 次相同条件下,重复地、相互独立地进行随机伯努利试验(n 重伯努利试验,或称为伯努利概型),将出现 k 次"成功"(或"失败")的概率 $P_n(k)$。其计算公式为:

$$P_n(k) = C_n^k p^k (1-p)^{n-k}, \ k=0,1,2,\cdots,n \tag{6-6}$$

其中,n 表示试验次数,p 表示在一次试验中结果为"成功"的概率,$(1-p)$ 表示试验结果为"失败"的概率。

使用二项分布的概率计算公式可求出在 n 次试验中出现 k 次"成功"的概率 $P_n(k)$。将 k 值与对应的概率 $P_n(k)$ 依序排列,即可得到二项分布数列。

2. 伯努利分布(0-1分布)

伯努利分布(Bernoulli Distribution)又被称为两点分布或0-1分布,即只进行一次事件试验,该事件发生的概率为 p,不发生的概率为 $(1-p)$,将出现 k 次"成功"(或"失败")的概率 $P(k)$,其计算公式为:

$$P(k) = p^k (1-p)^{1-k}, \ k=0,1 \tag{6-7}$$

从定义及式(6-7)中可以看出,伯努利分布是二项分布在 $n=1$ 时的特例。这是最简单的分布,任何一个只有2种结果的随机现象都服从0-1分布。

以前面提到的"投掷硬币"为例,在这种情况下,如何求其伯努利分布与二项分布呢?我们可以编写如下 Python 代码:

```python
#导入相关库
import numpy as np
import matplotlib.pyplot as plt
import scipy.stats as stats

#设置背景
from matplotlib import style
style.use('ggplot')

#设定随机变量 X1 的取值
X1 = np.arange(0,2,1)

#设定取值"成功"的概率
P = 0.5

#绘制伯努利分布
P_list = stats.bernoulli.pmf(X1,P)
plt.plot(X1,P_list,marker='o',linestyle='None')
plt.vlines(X1,0,P_list)
plt.xlabel('X')
plt.ylabel('P')
plt.show()

#绘制二项分布
n2=5
X2 = np.arange(0,n2+1,1)
P_list2 = stats.binom.pmf(X2,n2,P)
plt.plot(X2,P_list2,marker='o',linestyle='None')
plt.vlines(X2,0,P_list2)
plt.xlabel('X')
plt.ylabel('P')
plt.show()
```

使用 Python 绘制的伯努利分布图像与二项分布图像分别如图 6-2 与图 6-3 所示。由图 6-2 所示的伯努利分布图像可知,假设硬币正面向上为"成功",投掷 1 次硬币,"成功"与"失败"的概率各为 0.5。由图 6-3 所示的二项分布图像可知,5 次抛掷硬币均为同一面的概率相对较低,既有正面又有反面的概率相对较高。

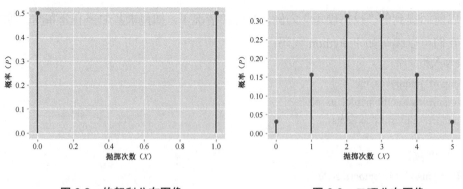

图 6-2　伯努利分布图像　　　　图 6-3　二项分布图像

6.2.2　正态分布

正态分布（Normal Distribution）又名高斯分布（Gaussian Distribution），是一个在数学、物理及工程等领域都具有非常重要意义的概率分布，其对推断统计的较多方面都产生了重要的影响。在实际问题中，许多随机变量都服从或近似服从正态分布。

例如，在同一生产条件下制造的 10000 个蓝牙耳机，设电池寿命为 x，每个耳机的电池寿命均不同，那么 x 的分布直方图将是什么样的呢？我们可以使用 Python 进行绘制，代码如下：

```python
#导入相关库
import numpy as np
import matplotlib.pyplot as plt
from scipy.stats import norm

#设置背景
from matplotlib import style
style.use('ggplot')

#设定正态分布的相关参数
mu,sigma = 1500,20
sampleNo = 10000

#生成符合正态分布的随机数
np.random.seed(0)
s = np.random.normal(mu,sigma,sampleNo)

#绘制正态分布图
num_bins = 100
```

```
plt.hist(s,bins=num_bins,density=True, facecolor = 'blue',alpha = 0.5)
plt.show()

#正态分布的数据
x = mu + sigma * np.random.randn(sampleNo)
n,bins,patches = plt.hist(x,num_bins,density=True,alpha = 0)

#拟合正态分布曲线
y = norm.pdf(bins,mu,sigma)
plt.plot(bins,y,'r')
plt.xlabel('Expectation')
plt.ylabel('Probability')
plt.title('histogram of normal distribution:$\mu = 1500$,$\sigma=20$')

#3sigma 原则
s = sigma
plt.plot([mu - s,mu - s],[0,norm.pdf(mu - s,mu,sigma)],'b--')
plt.plot([mu + s,mu + s],[0,norm.pdf(mu + s,mu,sigma)],'b--')
plt.plot([mu - 2 * s,mu - 2 * s],[0,norm.pdf(mu - 2 * s,mu,sigma)],'y--')
plt.plot([mu + 2 * s,mu + 2 * s],[0,norm.pdf(mu + 2 * s,mu,sigma)],'y--')
plt.plot([mu - 3 * s,mu - 3 * s],[0,norm.pdf(mu - 3 * s,mu,sigma)],'k--')
plt.plot([mu + 3 * s,mu + 3 * s],[0,norm.pdf(mu + 3 * s,mu,sigma)],'k--')

plt.subplots_adjust(left = 0.15)
plt.show()
```

如图 6-4 所示为在 10000 个蓝牙耳机中，序号前 20 名的蓝牙耳机的电池寿命数据。其中，有可用 1502 天的，也有可用 1480 天的。因此，x 是一个随机变量。

1535	1508	1496	1544	1489
1480	1519	1515	1497	1508
1502	1529	1495	1502	1508
1506	1513	1517	1506	1482

图 6-4　序号前 20 名的蓝牙耳机的电池寿命数据（单位：天）

通过上述代码绘制的 10000 个蓝牙耳机的电池寿命数据分布直方图如图 6-5 所示。从中可以看出，该分布直方图的形状呈现"中间大，两头小"的趋势，这也体现了正态分布的性质。一般来说，在生产条件不变的前提下，产品的某些量度（如轮胎的磨耗指数、半导体器件的热噪声电流或电压、足球的半径等）的概率分布，都与正态分布相似。这种情况也存在于自然科学领域中，例如，某地区居民的身高或体重、某物体长度的测量值、某市场每天的商品销售总额、热力学中理想气体分子的速度分量、某地区一年的降水量等，都是如此。

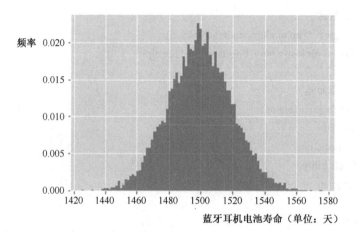

图 6-5 10000 个蓝牙耳机的电池寿命数据分布直方图

上述各种量度具有一个共同特点，即它们可以被看作许多微小、独立的随机因素共同作用形成的总结果，例如，蓝牙耳机电池的寿命会受原料、工艺、保管条件等因素的影响，而每种因素在正常情况下都不能代替全部因素起主导作用，具有这种特点的变量一般都可被认为是服从正态分布的。因此，在实际生活中，正态分布往往起着非常重要的作用。

1. 基本内容

那么，如何计算正态分布的概率呢？假设随机变量为 x，其概率密度函数 $f(x)$ 的计算公式为：

$$f(x)=\frac{1}{\sigma\sqrt{2\pi}}e^{-\frac{1}{2}\left(\frac{x-\mu}{\sigma}\right)^2} \quad (-\infty<x<+\infty) \tag{6-8}$$

则称 x 服从正态分布，记作 $x\sim n(\mu,\sigma^2)$。其中，μ 为随机变量 x 的均值，σ 为随机变量 x 的标准差，它们是正态分布的 2 个参数。这里的字母 n 取自英文单词 normal 的第一个字母，同时称 x 为正态随机变量。

将不同的 x 值代入 $f(x)$，即可求出与 x_i 对应的概率密度函数 $f(x_i)$。以 x 为横轴，以 $f(x_i)$ 为纵轴，依次在坐标系上绘出 x_i 和 $f(x_i)$ 所构成的坐标点，将前面提到的蓝牙耳机的例子根据分布直方图拟合出正态分布曲线，如图 6-6 所示。

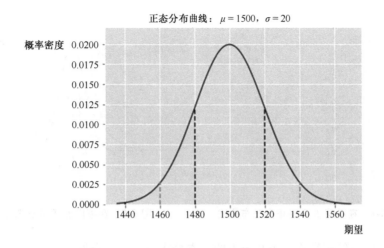

图 6-6 根据分布直方图拟合出的正态分布曲线

可见，$f(x_i)$ 是一条对称的钟形曲线，即正态分布概率密度曲线。因此 x 在 $(-\infty, x_i]$ 区间内的概率，就是在区间 $(-\infty, x_i]$ 上与其相对应的概率密度曲线下的面积，由此可得出 x 的分布函数为

$$F(x) = \frac{1}{\sigma\sqrt{2\pi}} \int_{-\infty}^{x} e^{-\frac{1}{2}\left(\frac{t-\mu}{\sigma}\right)^2} dt \qquad (6\text{-}9)$$

特别地，当 $\mu = 0$，$\sigma = 1$ 时，x 服从标准正态分布，其概率密度函数和分布函数分别用 $\varphi(x)$、$\Phi(x)$ 表示，即有

$$\varphi(x) = \frac{1}{\sqrt{2\pi}} e^{-\frac{1}{2}x^2} \qquad (6\text{-}10)$$

$$\Phi(x) = \frac{1}{\sqrt{2\pi}} \int_{-\infty}^{x} e^{-\frac{1}{2}t^2} dt \qquad (6\text{-}11)$$

2. 正态分布的特征

正态分布具有如下 4 个重要特征。

（1）正态分布密度曲线关于 $x = \mu$ 对称。

（2）当 $x = \mu$ 时，正态概率密度有最大值 $f(x)_{max} = \dfrac{1}{\sigma\sqrt{2\pi}}$。

（3）当 x 趋近于 $\pm\infty$ 时，$f(x)$ 趋近于 0。

（4）正态分布曲线由 μ 和 σ 决定。如图 6-7 所示为在不同 μ 下的正态分布曲线，当 σ 为定值时，μ 的变化引发正态概率密度曲线在横轴平行移动，随着 μ 的增大，曲线沿 x 轴正方向移动。如图 6-8 所示为在不同 σ 下的正态分布曲线，当 μ 为定值时，σ 的变化将使正态概率密度曲线的形状变得尖峭或扁平，σ 越大，曲线越扁平。

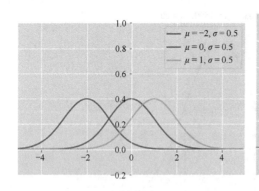
图 6-7 在不同 μ 下的正态分布曲线

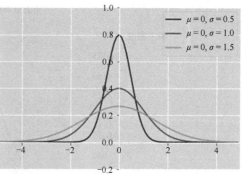
图 6-8 在不同 σ 下的正态分布曲线

使用 Python 绘制在不同 μ 和 σ 下的正态分布曲线，代码如下：

```python
#导入相关库
import numpy as np
import math
from scipy.stats import norm
import matplotlib.pyplot as plt

#设置背景
from matplotlib import style
style.use('ggplot')

#自变量
x = np.arange(-5,5,0.1)

#因变量（不同均值）
y_1 = norm.pdf(x,-2,1)
y_2 = norm.pdf(x,0,1)
y_3 = norm.pdf(x,1,1)

#因变量（不同标准差）
y_4 = norm.pdf(x,0,0.5)
y_5 = norm.pdf(x,0,1.0)
y_6 = norm.pdf(x,0,1.5)

#绘图（不同均值）
plt.plot(x,y_1,color='green')
plt.plot(x,y_2,color='blue')
plt.plot(x,y_3,color='yellow')
```

```
plt.xlim(-5.0,5.0)
plt.ylim(-0.2,1)

ax = plt.gca()
ax.spines['right'].set_color('none')
ax.spines['top'].set_color('none')
ax.xaxis.set_ticks_position('bottom')
ax.spines['bottom'].set_position(('data',0))
ax.yaxis.set_ticks_position('left')
ax.spines['left'].set_position(('data',0))

plt.legend(labels=['$\mu=-2,\sigma=0.5$','$\mu=0,\sigma=0.5$','$\mu=1, \sigma=0.5$'])
plt.show()

#绘图（不同标准差）
plt.plot(x,y_4,color='r')
plt.plot(x,y_5,color='m')
plt.plot(x,y_6,color='c')

plt.xlim(-5.0,5.0)
plt.ylim(-0.2,1)

ax=plt.gca()
ax.spines['right'].set_color('none')
ax.spines['top'].set_color('none')
ax.xaxis.set_ticks_position('bottom')
ax.spines['bottom'].set_position(('data',0))
ax.yaxis.set_ticks_position('left')
ax.spines['left'].set_position(('data',0))

plt.legend(labels=['$\mu=0,\sigma=0.5$','$\mu=0,\sigma=1.0$','$\mu=0,\sigma=1.5$'])
plt.show()
```

3. 3σ 原则

所有正态分布曲线都呈现出钟形这一特征，了解分布的均值和标准差能够帮助我们了解数值的集中分布区间。例如，通过测量图 6-6 中曲线下方的面积，我们发现大约 2/3 处于距离均值 1 个标准差的区间内，即两条深色虚线之间（1480～1520）。类似地，有 95% 的面积处于距离均值 2 个标准差的区间内，即两条浅色虚线之间（1460～1540）。

在正态分布中存在 3σ 原则，其为衡量相距均值 1～3 个标准差的数值所占的百分比提供了精确的指引。如图 6-9 所示为正态分布的 3σ 原则，又称 68-95-99.7 规则：

（1）约 68.27%（约 2/3）的数值分布在距均值 1 个标准差的区间内。

（2）约 95.45%的数值分布在距均值 2 个标准差的区间内。

（3）约 99.73%的数值分布在距均值 3 个标准差的区间内。

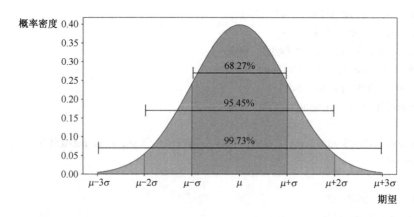

图 6-9　正态分布的 3σ 原则

6.3　统计量

通过前面的介绍可知，概率论的基本内容为推断统计提供了理论基础。概率论的许多问题通常会假设概率分布是已知的，然而在实际问题中，随机变量的分布往往是未知的（或含有未知的成分），所以需要对随机变量进行多次观测，利用观测得到的数据分析推断随机变量的分布规律，再从中提取有用信息，形成推断统计结论，从而认识事物的规律性。

那么，如何根据数据推断规律呢？可以参照下面的例子。我们希望调查中国某地区观看中国足球协会超级联赛（以下简称"中超"）的总人数。此时，该地区的所有有线电视用户是一个总体。我们希望得到关于观看中超的总人数的确定数据，这是这个总体的一个主要特征，在统计学中被称为总体参数。假设该地区有 50 万名有线电视用户，现从中随机选取 5000 名用户，将其作为研究中超收视率的样本。统计在这些用户中观看中超的总人数，即在对样本进行加工处理后，得到一个描述样本数量特征的量，这在统计学上被称为样本统计量。根据样本统计量进行统计分析，就是对样本进行加工、整理，从中提取有用信息，进而对总体做出推断。

6.3.1 总体与样本

我们只能通过观察总体中的每个个体来了解总体参数的真值。例如，如果要为北京市 30 万名中学生制订服装，就要知道这 30 万名中学生身高、鞋码的精确平均值，这需要对每位同学都进行测量，这种对总体中的每个个体都进行数据收集的方法被称为普查。在这种情况下，总体量较大，收集每个个体的数据既耗时又费力。但在另一些情况中，收集数据可能会影响研究目标，此时则需要排除普查这一选项。例如，在销售前检验键盘的敲击质量，我们不可能进行普查，如果每个键盘都要检验，那么就没有完好的键盘可以出售了。

大多数统计研究都可以不进行普查，在一般情况下，我们通过从总体中抽取具有代表性的部分个体来收集数据，这些个体被称为样本，抽取样本的过程被称为抽样。接下来，我们可以通过样本统计量推断总体参数。

在统计学中，我们真正关心的可能并不是总体或个体本身，而是它们的某项数量指标。因此，我们应该把总体理解为研究对象的某项数量指标的全体，而把样本理解为样品的数量指标。例如，在制订服装标准时，需要事先了解对应地区人群的多项身体指标及数据分布情况。在这种情况下，对总体和样本的研究，实际上是对该地区人群的身高、三围、鞋码等具体数量指标的研究。

1. 抽样与抽样分布

抽样根据抽取方法可分为不放回抽样与放回抽样，二者的区别主要体现在以下 4 个方面。

（1）不放回抽样是指不将每次抽出的样品放回，下次再抽样时，样品结构发生变化；而放回抽样是指将每次抽出的样品放回，下次再抽样时，样品结构保持不变。

（2）不放回抽样的各次抽取相互并不独立；而放回抽样的各次抽取之间相互独立。

（3）对于不放回抽样来说，事件 A "不放回地逐个抽取 k 个样品" 与事件 B "一次任取 k 个样品" 的概率相等，即 $P(A)=P(B)$；而对于放回抽样来说，事件 A "放回地逐个抽取 k 个样品" 与事件 B "一次任取 k 个样品" 的概率一般是不相等的，即 $P(A) \neq P(B)$。

（4）不放回抽样不可重排列；而放回抽样可重排列。

但在实际中，当总体单位数较大，或者样本量占总体单位数的比例较小时，二者的区别并不大。

接下来通过一个实例了解抽样的过程。假设某年级有 400 名同学参加了一场包含语文、数学、英语的考试，其考试成绩汇总如图 6-10 所示。

	姓名	语文	数学	英文	总成绩
0	小赵	98	93	98	289
1	小钱	79	99	58	236
2	小孙	89	66	85	240
3	小李	87	75	90	252
4	小周	77	48	76	201
...	...	...	...	...	...
395	小相	50	71	52	173
396	小查	83	97	56	236
397	小后	72	69	48	189
398	小荆	44	58	43	145
399	小红	47	52	84	183

图 6-10　400 名同学考试成绩汇总

现在需要抽查该年级部分学生的考试情况，使用 Python 模拟随机抽取样本的过程，代码如下。

```
#导入相关库
import numpy
import pandas
data = pandas.read_csv('score.csv',encoding = 'gb18030')

#设置随机种子
numpy.random.seed(seed = 2)

#按照个数随机抽样，例如，抽取 10 名学生
data.sample(n = 10)

#按照百分比随机抽样，例如，抽取 2%的学生
data.sample(frac = 0.02)

#replace = True，放回抽样
data.sample(n = 10,replace = True)

#replace = False，不放回抽样
data.sample(n = 10,replace = False)
```

如图 6-11 所示为遵循随机原则从 400 名同学中抽查的 10 名同学的成绩。如图 6-12 所示为随机抽取的 2%，即 8 名同学的成绩。

	姓名	语文	数学	英文	总成绩
94	小平	47	75	77	199
32	小戚	42	93	78	213
225	小隗	86	95	71	252
157	小胡	90	41	99	230
356	小禄	94	80	41	215
25	小曹	96	94	93	283
67	小薛	98	56	79	233
189	小吉	51	55	78	184
304	小却	87	73	89	249
226	小山	50	40	54	144

图 6-11　随机抽查 10 名同学的成绩

	姓名	语文	数学	英文	总成绩
15	小杨	81	42	49	172
218	小富	82	99	47	228
17	小秦	78	91	81	250
141	小童	94	85	96	275
33	小谢	65	64	70	199
128	小杜	98	52	77	227
63	小唐	57	64	52	173
107	小狄	59	80	55	194

图 6-12　随机抽查 2%的同学的成绩

如图 6-13 与图 6-14 所示分别为放回抽样与不放回抽样的结果。对比 2 张图可以发现，在图 6-13 中，小鱼同学被抽查了 2 次成绩，也就是说，小鱼同学在被抽中后放回了总体，而后又一次被抽中了，而在图 6-14 中无人被重复抽查。

	姓名	语文	数学	英文	总成绩
340	小廖	57	99	100	256
19	小许	40	41	85	166
91	小卜	85	81	81	247
235	小仰	86	62	41	189
333	小鱼	91	56	95	242
333	小鱼	91	56	95	242
72	小滕	94	81	57	232
302	小郏	83	48	51	182
254	小束	93	40	80	213
1	小钱	79	99	58	236

图 6-13　放回抽样的结果

	姓名	语文	数学	英文	总成绩
352	小国	82	74	69	225
238	小伊	65	65	73	203
163	小柯	56	87	67	210
253	小詹	68	80	49	197
20	小何	58	44	77	179
24	小孔	44	62	50	156
209	小羿	48	89	56	193
19	小许	40	41	85	166
279	小蒙	76	79	44	199
44	小奚	50	78	48	176

图 6-14　不放回抽样的结果

在抽样中，对每个特定的样本而言，统计量都是一个确切的值。但样本是随机的，因而统计量也是一个随机变量,其取值因样本的不同而不同。假如从总体中随机抽取容量相同的样本,则由这些样本可以计算出某统计量(如样本均值)的取值,这个统计量所有可能取值的概率分布被称为该统计量的抽样分布。抽样分布也具有均值与方差等趋势。

2. t 分布

20世纪初期,英国数学家威廉·戈塞(William Gosset)指出,样本统计量的抽样分布,特别是在小样本条件下的抽样分布,并不完全服从正态分布,而是服从与正态分布相似的 t 分布。当样本容量不大于30,而且总体标准差未知时,可以使用 t 分布。

t 分布与正态分布相同,也是对称的。一般来说,t 分布比正态分布更平缓一些。不同的样本容量有不同的 t 分布,随着样本容量的增加,t 分布的形状由平缓逐渐变得接近正态分布的形状。当样本容量大于30时,t 分布的形状就更加接近正态分布。确切来说,t 分布的曲线形态与自由度 df 密切相关,t 分布的自由度大小是样本容量 $n-1$,即 $df=n-1$。

为了更好地理解 t 分布,下面使用 Python 描述 t 分布与正态分布之间的关系,代码如下:

```python
#导入相关库
import numpy as np
from scipy.stats import norm
from scipy.stats import t
import matplotlib.pyplot as plt
#设置背景
from matplotlib import style
style.use('ggplot')
#绘制t分布曲线
x = np.linspace(-3,3,100)
plt.plot(x,t.pdf(x,1),label = 'df = 1')
plt.plot(x,t.pdf(x,2),label = 'df = 2')
plt.plot(x,t.pdf(x,100),label = 'df= 100')
plt.plot(x[::5],norm.pdf(x[::5]),'kx',label = 'normal')
plt.legend()
plt.show()
```

如图6-15所示,t 分布曲线在形状和对称性方面与正态分布曲线极其相似。但对于小样本来说,t 分布与正态分布还存在明显差异。对比图6-15中的 t 分布与标准正态分布后可以发现,随着自由度 df 的提升,即样本容量的增大,t 分布逐渐趋近于正态分布。

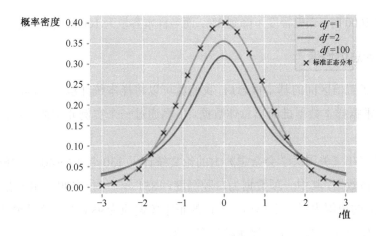

图 6-15 t 分布与正态分布

6.3.2 参数估计

推断统计是对抽样分布理论的直接应用,其主要内容是通过统计量估计总体参数。还是以 6.3 节开头提到的"调查中国某地区观看中超总人数"为例进行说明。假设在调查的 5000 名样本用户中,有 23% 的用户观看中超。那么,这 23% 就是样本统计量,即对样本的描述。但我们真正想了解的其实是相应的总体参数,即观看中超的用户占该地区所有用户的百分比。

显然,上述调查无法准确了解总体参数的数值,因为我们只研究了抽取的样本。然而我们希望可以通过已做的调查工作保证样本统计量是总体参数较好的估计值,即可以通过样本数据推导出结论。在样本中,有 23% 的用户观看中超,那么在总体中也会有近23% 的用户观看。接下来就要评估这个推论的有效性。

调查或投票结果往往会涉及误差幅度这一概念。通过加减误差幅度得到的样本统计量的区间被称为置信区间,在这个区间中可能会包含总体参数。在多数情况下,误差幅度被定义为该范围内包含总体参数的置信度为 95%,这意味着在调查中,通过 95% 的样本就可得出此区间将包含的实际总体参数(另 5% 的样本则不包含)。所以,假设误差幅度为 1%,那么在样本中就有 23% 的用户观看了中超联赛,从而可推断出在总体参数中有 22%~24% 的用户观看了中超的结论,这一结论的置信度为 95%。

统计学的一个标志性发现是,可以从非常小的样本中得出有意义的结论。在通常情况下,样本容量越大越好,因为样本容量越大,误差幅度越小。例如,在一个设计较好的投票选举中,在 95% 的置信区间内,当样本容量为 400 时,误差幅度通常为 5%;当样本容量为1000时，误差幅度下降到3%；而当样本容量为10000时，误差幅度则为1%。

1. 估计总体均值

在了解了置信区间的基本概念后，我们就可以将样本统计量与实际的总体参数进行比较，并且根据样本数据推断出总体数据。下面通过一个实例介绍估计总体均值的基本方法。

一篇发表在《美国医学会杂志》上的论文统计了130名18~40岁的健康男性和健康女性的身体数据，其中一项数据为口腔温度。1851年，一位名叫卡尔·温德利希（Carl Wunderlich）的德国内科医生提出，人体的正常体温应为98.6°F，这种说法一直延续至今。那么，如今人们的实际正常体温是多少呢？

显然，我们不能测算所有人的正常体温，只能从总体中抽取样本进行研究。如图6-16所示为上述论文统计的130名样本个体（健康男性和健康女性）的身体数据，在性别一栏中，1表示男性，2表示女性。

	体温	性别	心率
0	96.3	1	70
1	96.7	1	71
2	96.9	1	74
3	97.0	1	80
4	97.1	1	73
...	...	...	...
125	99.3	2	68
126	99.4	2	77
127	99.9	2	79
128	100.0	2	78
129	100.8	2	77

图6-16　130名样本个体的身体数据

我们重点关注体温一栏。如图6-17所示为这130名样本个体的直方图，根据直方图拟合得到的曲线可以看出，样本分布近似于正态分布。样本的均值 $\bar{x} = 98.2°F$，标准差 $s = 0.7°F$。接下来使用这些样本信息，通过2个步骤对所有人的正常体温进行推断。

（1）因为只有1个样本均值，所以我们将其作为总体均值最佳（唯一）估计量。

（2）基于样本容量和样本标准差（s）计算误差范围，并且使用其建立一个置信区间，用以估计总体均值的有效性。

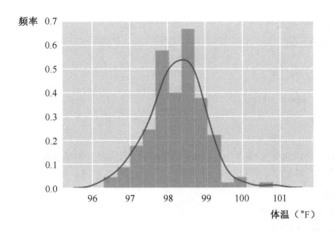

图 6-17　130 名样本个体的直方图

在这个例子中，我们选取样本均值 $\bar{x}=98.2°F$ 作为总体均值的最佳估计量。这可能是一个好的估计量，也可能不是一个好的估计量。所以，我们下一步要进行的就是计算误差范围，以及构建置信区间。

2. 寻找置信区间

置信区间的思想来源于前面讨论的抽样分布，即我们希望通过样本统计量来推断总体均值。本节采用 95%的置信度，根据 3σ 原则，大约 95%的样本均值分布在总体均值两侧的 2 个标准差以内。

我们不知道总体均值和总体标准差的真实值，也因此无法知晓 95%的样本均值处在哪个真实范围内，但可以使用样本标准差和样本容量计算得出误差幅度。95%的置信区间的误差幅度是：

$$E \approx \frac{2s}{\sqrt{n}} \tag{6-12}$$

其中，E 为置信区间，s 是样本标准差，n 为样本容量。

通常，样本均值位于总体均值置信区间的中心，然后向两侧延伸相同的距离（等于误差幅度）。因此，可以通过加上和减去样本误差幅度计算出 95%的置信区间，范围是：

$$\bar{x}-E<\mu<\bar{x}+E \text{ 或 } \bar{x} \pm E \tag{6-13}$$

继续以前面提到的测算正常体温为例，此时应如何求其 95%的置信区间呢？我们可以编写如下 Python 代码：

```
#导入相关库
import pandas as pd
import numpy as np
import matplotlib.pyplot as plt
```

```
from scipy import stats
import seaborn as sns
sns.set()
#设置背景
from matplotlib import style
style.use('ggplot')
#读取数据
data = pd.read_csv('http://www.hxedu.com.cn/Resource/2022/normtemp.dat.txt', header = None,sep = '\s+' ,names = ['体温','性别','心率'])
data.describe()
#绘制样本直方图
sns.distplot(data[["体温"]])
#计算置信区间
tem = data[["体温"]]
alpha = 0.95
mean = np.mean(tem)
std = np.std(tem)
interval = stats.norm.interval(alpha,mean,std)
```

计算后得出的置信区间为[96.82,99.68]，由此可见，在95%的置信区间下，将人体正常体温估计为98.6°F是合理的。

6.3.3 假设检验

推断统计的另一重点是假设检验问题，即先对总体的某个未知参数或总体的分布形式做出某种假设，然后根据所抽取的样本提供的信息，构造合适的统计量，对所提出的假设进行检验，以做出推断统计是接受假设还是拒绝假设。这类推断统计问题被称为假设检验问题。

1. 理论基础

下面通过一个实例介绍假设检验的基本理论。某工厂现生产额定容量为10Ah的电动车蓄电池。根据以往的生产情况，可以认为蓄电池的额定容量服从正态分布，均值为$\mu=10$Ah，标准差为$\sigma=0.1$Ah。现在随机抽取10个蓄电池，测得他们的额定容量（单位：Ah）为9.4，10.2，9.6，9.6，10.1，10.3，9.8，9.2，10.0，9.4。这些样本的平均值为9.76Ah，那么根据这些样本，我们能否认为该工厂生产的蓄电池的平均额定容量为10Ah？

直观来看，9.76Ah确实低于10Ah，这种差异可能是人为造成的，也可能是因为抽样的随机性，所以需要建立一个"样本额定容量与总体额定容量均值不存在差异"的假设，并且检验假设是否成立。

我们将 X 设为该工厂生产的蓄电池的测量值。根据假设，$X \sim N(\mu, \sigma^2)$，其中 $\sigma = 0.1$。我们想通过样本对"总体均值 μ 是否等于 10Ah"进行推断。这个问题在推断统计中可以进行如下表述：我们有一个假设 $H_0: \mu = 10$，现在要通过样本来检验这个假设是否成立，这个假设的对立面是 $H_1: \mu \neq 10$。在推断统计中，我们把 H_0 称为"原假设"或"零假设"（"零假设"由英文"null hypothesis"一词翻译而来），而把 H_1 称为"对立假设"或"备择假设"。

假设检验的目的是判断原假设 H_0 是否正确，首先，假定原假设正确，即蓄电池的平均额定容量是 10Ah；其次，通过抽样从原假设的总体中获得样本；最后，判断样本均值 9.76Ah 是否符合条件。如果符合，那么说明样本与原假设一致；如果不符，那么说明样本与原假设不一致，即原假设不正确。

在设定假设的过程中，原假设中一般包括等式条件，如上述实例的原假设是等式 $\mu = 10$，而备择假设 $\mu \neq 10$ 仅是 3 种常见的备择假设中的一种。

（1）总体参数<陈述值。

（2）总体参数>陈述值。

（3）总体参数≠陈述值。

以上 3 种不同类型的备择假设在计算方式上略有不同，因此要给予它们不同的名称。第 1 种形式（<）被称为左侧假设检验，因为需要检验总体参数是否在陈述值的左侧（更低的值）。第 2 种形式（>）被称为右侧假设检验，因为需要检验总体参数是否在陈述值的右侧（更高的值）。第 3 种形式（≠）被称为双侧假设检验，因为需要检验总体参数是否显著远离陈述值的两侧。

假设检验总是先假定原假设是正确的，然后再检验数据是否有足够理由否定原假设。在一般情况下，假设检验只可能产生 2 种结果。

- 拒绝原假设，在这种情况下有证据支持备择假设。
- 不拒绝原假设，在这种情况下没有足够的证据支持备择假设。

需要注意的是，接受原假设并不是可能出现的结果，因为原假设就是最初的假设，即便假设检验无法给出理由拒绝最初的假设，它也无法提供足够的理由得出最初的假设就是正确的这一结论。

那么，我们如何确定应该拒绝还是不拒绝原假设呢？决定拒绝或不拒绝原假设的方式是多种多样的，其中一种方式是根据检验结果的真实概率（P 值）做出决定。

在对总体参数的声明进行假设检验时，P 值（概率数值）是指在假定原假设正确的前提下，随机抽取样本的样本统计量出现的概率。

- 一个小的 P 值（如小于或等于 0.05）表示样本结果不可能是偶然出现的，因此，样本结果能够提供足够的理由来拒绝原假设。

- 一个大的 P 值（如大于 0.05）表示样本结果可以偶然出现且较容易出现，因此，不能拒绝原假设。

2. 总体均值的 t 检验

在了解了假设检验的基本概念后，接下来将讨论总体均值假设检验的计算。在实际的检验情况中，一个总体的均值未知但总体的标准差已知的情况极少出现，因此，统计学家们逐渐倾向使用不需要知道 σ 值的方法进行假设检验。那么，在总体的标准差未知的情况下，t 分布是一种使用极为普遍的方法。接下来通过一个实例来展示如何使用 t 分布进行假设检验。

某家公司专门生产汽车引擎，现在政府发布了新的排放标准，要求引擎排放平均值要低于 20ppm（环保要求在汽车尾气中的碳氢化合物要低于 20ppm），此时随机抽取该公司制造的 10 台汽车引擎作为样本进行测试，每台引擎的排放水平（单位：ppm）为：15.6，16.2，22.5，20.5，16.4，19.4，16.6，17.9，12.7，13.9。

那么，如何通过假设检验来寻找证据，判断该公司生产的汽车引擎是否符合政府的新标准呢？我们关注的数据是该公司生产的所有引擎的排放量，所以假设检验将会涉及总体均值（μ）。原假设 H_0 为公司引擎排放不满足标准，即引擎排放平均值不小于 20ppm；备择假设 H_1 为公司引擎排放满足标准，即引擎排放平均值小于 20ppm。

- H_0：$\mu \geqslant 20\text{ppm}$。
- H_1：$\mu < 20\text{ppm}$。

备择假设以"<"的形式展现，表示这是一个左侧假设检验。左侧假设检验和右侧假设检验的步骤相同，因此被统称为单侧假设检验。

假设检验前 2 步已经完成，即平均排放量已被确定为总体参数，原假设和备择假设也已经做过声明，样本确定，而且样本容量为 $n=10$，样本均值 $\bar{x}=17.17\text{ppm}$，已经完成测量。接下来使用 t 分布进行假设检验。假设原假设是正确的，现在来确定样本统计量是否提供了充分的理由来拒绝原假设。此时需要计算 t 值，公式为：

$$t = \frac{\bar{x} - \mu}{s/\sqrt{n}} \tag{6-14}$$

其中，n 是样本容量；$\bar{x}$ 是样本均值；s 是样本标准差；μ 是原假设的总体均值。

接下来，通过查找 t 分布表比较 t 值和临界值，或者通过找到它的 P 值来做出统计决策。我们可以编写如下 Python 代码：

```
#导入相关库
import pandas as pd
```

```
from scipy import stats
import seaborn as sns
import matplotlib.pyplot as plt
#设置背景
from matplotlib import style
style.use('ggplot')
#导入样本数据集
dataSer=pd.Series([15.6,16.2,22.5,20.5,16.4,19.4,16.6,17.9,12.7,13.9])
#计算样本均值、样本标准差
sample_mean=dataSer.mean()
sample_std=dataSer.std()
print('样本均值为:%.2fppm'%sample_mean)
print('样本标准差为:%.2fppm'%sample_std)
#绘制直方图及拟合曲线
sns.distplot(dataSer)
plt.rcParams['font.sans-serif'] = [u'SimHei']
plt.rcParams['axes.unicode_minus'] = False
plt.title('数据集分布')
#计算 t 值和 P 值
pop_mean=20
t,p_twotail=stats.ttest_1samp(dataSer,pop_mean)
p_onetail=p_twotail/2
print('假设检验 t 值为%.3f,相应的概率 P 值为%.4f'%(t,p_onetail))
#做出统计决策
alpha=0.05
if (t<0 and p_onetail<alpha):
    print('拒绝原假设，汽车引擎排放达到标准')
else:
    print('接受原假设，汽车引擎排放未达到标准')
```

样本分布直方图如图 6-18 所示，数据呈现出近似正态分布的形态，满足 t 分布使用条件，因此可使用抽样分布为 t 分布进行假设检验。

根据备择假设，公司引擎排放满足标准，即平均值 $\mu<20$ppm，可得出本次假设检验是左侧假设检验。在寻找验证时，我们计算得出假设检验的 t 值为-3.002，相应的概率 P 值为 0.0075。而在左侧假设检验中，$t<0$ 且 $P<0.05$，因此得出拒绝原假设的结果，判断出汽车引擎排放达到标准。

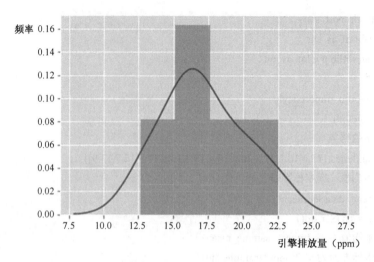

图 6-18　样本分布直方图

6.4　本章小结

本章主要介绍了在利用人工智能处理数据时会涉及的推断统计的相关知识，并且通过一些在实际生活中可能遇到的案例对知识点进行了讲解，从包括排列组合、随机事件及其概率在内的基础知识，到以二项分布与正态分布为代表的概率分布。同时，还介绍了如何应用上述知识，主要涵盖了抽样、参数估计，以及假设检验三部分内容，希望能够帮助读者对推断统计的重要概念有更加实质性的领会。

第 7 章 数据可视化

7.1 什么是数据可视化

对于给定数据块中的随机数字和消息集,人类通常不具备机器那种可以解释大量信息的能力。虽然人类可能了解数据的基本组成,但仍需借助外力的帮助,方可实现对数据的整体理解。在所有的逻辑功能中,视觉处理是最直观的,可以帮助我们更好地理解事物,所谓"一图抵千言",强调的就是数据可视化的重要作用。

7.1.1 数据可视化的定义和意义

借助图形有效表达信息的方法被称为可视化。可视化可以帮助我们传递信息。与其他形式相比,可视化可以将复杂数据简化,以动画和仪表板的形式将其呈现出来,通过交互可视化的方式,使数据易于理解、便于查看。

论及数据可视化的意义,最经典的案例莫过于南丁格尔玫瑰图。南丁格尔玫瑰图又名极区图,是一种圆形的直方图。南丁格尔称这类图为鸡冠花图(Coxcomb),用来向那些不太能理解传统统计报表的公务人员展示军医院的季节性死亡率。

19 世纪 50 年代,克里米亚战争爆发。英国由于没有护士且医疗条件恶劣,战地战士死亡率高达 42%。佛罗伦斯·南丁格尔主动申请担任战地护士并率领 38 名护士抵达前线。当地的野战医院卫生条件极差,资源极度匮乏,南丁格尔竭尽全力排除万难,为伤员提供必备的生活用品和食品,并且为他们提供护理。她每晚都手执风灯巡视病房,被伤病员们亲切地称为"提灯女神"。仅半年左右,伤病员的死亡率就下降到 2.2%。战争结束后,南丁格尔回到英国,被人们推崇为"民族英雄"。

出于对资料统计结果可能不受重视的忧虑,南丁格尔发明了一种色彩缤纷的图表形式,即南丁格尔玫瑰图,用来表示军队医院的季节性死亡率,这种方式使人对数据印象深刻,让不太能看懂数据的人员也可以对战况一目了然,得到了军方和维多利亚女王的支持。在数据可视化的辅助下,医疗硬件改良的提案顺利通过。这是数据可视化所具有的一个非常重要的作用——佐证。

7.1.2 数据可视化的发展历史

17 世纪前:三角测量法。

在 17 世纪以前,人类研究的领域有限,总体数据量较少,几何学通常被视为数据可视化的起源。三角测量法一般被认为是最早的数据可视化方法,由威理博·斯涅尔(Willebrord Snellius)于 1615 年发明。三角测量法是借由测量目标点与固定基准线的已知端点的角度,测量目标距离的方法。当已知一个边长及两个观测角度时,观测目标点可以被标定为一个三角形的第三个点,即如图 7-1 所示的三角测量法。通过此方法,所有在三角形内的点皆可被准确定位。三角测量法被用于大规模的土地测量,直至 20 世纪 80 年代全球卫星导航系统崛起。

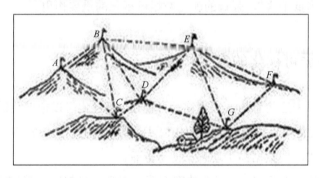

图 7-1 三角测量法

1700—1799 年:新的图表形式。

18 世纪,经济学中出现了类似柱状图的线图表现形式,英国神学家约瑟夫·普利斯特列(Joseph Priestley)尝试在历史课中使用图表介绍不同国家在各历史时期的关系。法国人玛塞林·杜卡拉(Marcellin DuCarla)绘制了等高线图,用一条曲线表示相同的高程,这对测绘、工程和军事具有重大意义,成为地图绘制的标准形式之一。

威廉·普莱费尔(Wiliam Playfair)在 1765 年发明了第一张时间线图。时间线图直接启发他发明了条形图及其他一些至今仍然较为常用的图表,如饼图、时序图等。普莱费尔的这一思想可以说是数据可视化发展史上的一次全新尝试,用全新的形式尽可能多且直观地表达了数据。

1850—1899 年：数据制图的黄金时期。

19 世纪上半叶末，数据可视化领域发展迅速。随着数字信息对社会、工业、商业和交通规划的影响不断增大，欧洲开始着力发展数据分析技术。高斯和拉普拉斯提出的统计理论赋予了数据更多的意义，数据可视化迎来了其历史上第一个黄金时代。

查尔斯·约瑟夫·米纳德（Charles Joseph Minard）绘制了多幅可视化作品，被称为"法国的普莱费尔"，他最著名的作品是用二维的表达方式展现六种类型的数据，例如，用于描述拿破仑战争时期军队损失的统计图。

1975—2011 年：动态交互式的数据可视化。

20 世纪 70 年代到 80 年代，人们尝试使用多维定量数据的静态统计图来表现静态数据。20 世纪 80 年代中期，动态统计图开始出现。20 世纪末，两种图表形式开始合并，开始实现动态、可交互的数据可视化，这一形式也成为新的发展主题。

2012 年至今：大数据时代到来，数据可视化更加重要。

从人类文明出现到 2003 年，全世界共创造了 5EB 的数据，这促使人们将目光聚焦到对大数据的处理上。发展到 2011 年，全球每天的新增数据量已经开始以指数倍猛增，用户对数据的使用率也在不断提升，数据服务商也开始从多维度向用户提供服务，大数据时代正式开启。

掌握数据就能掌握未来的发展方向，因此人们对数据可视化技术的依赖程度也不断加深。大数据时代的到来为传统的数据展现形式带来了冲击，继续以此形式来呈现庞大的数据量及其中的信息是不可能的，也是不受青睐的，大规模的动态化数据要依靠更有效的处理算法和表达形式才能传达有价值的信息，因此，对大数据可视化的研究成为新的时代命题。

创建一种有效的、可交互式的大数据可视化形式来表达大规模的、不同类型的实时数据，成为重中之重。在面对大数据时，不但要考虑快速增加的数据量，还需要考虑数据类型的变化。这类数据扩展性的问题需要通过更加深入的研究才能找到解决的方法，而互联网加快了数据更新的频率，同时增加了数据获取的渠道，实时数据的巨大价值通过有效的可视化处理得以体现。

7.2 图形对象与元素

使用 Python 绘制图表时需要安装图表绘制库，最常用且最基础的是 Matplotlib 库，其由约翰·亨特（John Hunter）于 2003 年发布，本节将会对其进行详细介绍。

Matplotlib 图标如图 7-2 所示。

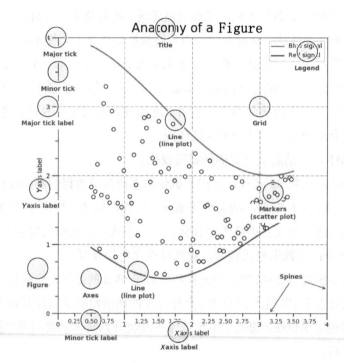

图 7-2　Matplotlib 图标

- Figure：最外层容器，包含用于绘制的画布，可以在其中绘制多个图表。
- Axes：实际的图表或子图表，具体取决于绘制的是单一还是多项可视化内容，子对象包含了 X 轴、Y 轴、Spine 和图例。

Matplotlib 图标的组成元素如表 7-1 所示。

表 7-1　Matplotlib 图标的组成元素

序号	函数名	参数说明
1	Spine	连接轴刻度标记的直线
2	Title	整个 Figure 对象的文本标记
3	Legend	用于描述图表的内容
4	Grid	作为刻度标记延伸的垂直直线和水平直线
5	X/Y axis label	Spine 下方 X 轴/Y 轴的文本标记
6	Minor tick	Minor tick 间小值指标
7	Minor tick label	显示 Minor tick 处的文本标记
8	Major tick	Spine 上的主要数值指标

续表

序号	函数名	参数说明
9	Major tick label	显示 Major tick 处的文本标记
10	Line	利用直线连接数据点的绘制类型
11	Markers	使用定义的标记绘制每个数据点的绘制类型

Matplotlib 库中常见的图表绘制函数如表 7-2 所示。

表 7-2　Matplotlib 库中常见的图表绘制函数

函数名	核心参数说明	图表类型
plot()	• color（线条颜色）、label（线条标签）、linestyle（线条类型）、linewidth（线条宽度）； • marker（标记类型）、markeredgecolor（标记边框颜色）、markeredgewidth（标记边框宽度）、markerfacecolor（标记填充颜色）、markersize（标记大小）	常用于折线图
scatter()	• c（散点颜色）、label（标签）； • marker（散点类型）、linewidths（散点边框宽度）、edgecolors（散点边框颜色）	常用于散点图
bar()	height（高度）、width（宽度）、edgecolor（边界线颜色）	柱形图
pie()	x（每一块饼图的比例）、labels（每一块饼图外侧显示的标签）	饼形图

7.2.1　如何建立坐标系

绘制二维图标首先要建立坐标系。常用的坐标系之一是直角坐标系（Rectangular Coordiates/Cartesian Coordinates），也被称为笛卡儿坐标系，我们绘制的条形图、散点图都是直角坐标系。坐标系所在的平面叫作坐标平面，2 个坐标轴的公共原点叫作直角坐标系的原点。X 轴和 Y 轴把坐标平面划分为 4 个象限，右上部分为第一象限，其他 3 个部分按逆时针方向依次为第二象限、第三象限和第四象限。象限以数轴为界，在横轴（X 轴）、纵轴（Y 轴）上的点不属于任何象限。通常，在直角坐标系中的点可以记为 (x,y)，其中，x 表示 X 轴的数值，y 表示 Y 轴的数值。

例如，绘制一个 $y=2x+1$ 的函数图，绘制函数图的 Python 代码如下。

```
import matplotlib.pyplot as plt
import numpy as np
x=np.linspace(-1,1,50)
y=2*x+1
plt.plot(x,y)
plt.show()
```

绘制出的 $y=2x+1$ 的函数图如图 7-3 所示。

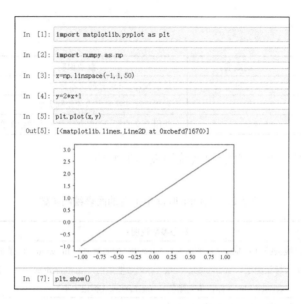

图 7-3　$y=2x+1$ 函数图

7.2.2　如何设置坐标轴的文本和图例

以函数 $y=2x+1$ 为例，设置坐标轴的文本和图例如图 7-4 所示。
- 设置坐标轴：linespace()。
- 设置标记函数：Set_xlabel() 和 Set_ylabel()。
- 设置标题函数：title()。

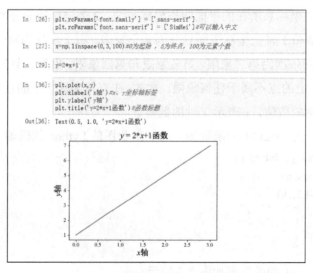

图 7-4　设置坐标轴的文本和图例

7.3 可视化色彩的运用原理

色彩的选取在可视化中是一个非常重要的环节，好的色彩搭配可以增加整个图表的感染力、吸引力，一个优秀的色彩搭配师可以用颜色反映情绪的变化。例如，快餐店通常使用红色、黄色、橙色，这类配色既可以刺激消费者的食欲，也可以在无形之中催促消费者尽快离开；咖啡店一般选用米色、白色、灰色、淡绿色等，这类配色既可以让店面显得更大，也可以令人感到放松、舒适。色彩学专家莫林·斯通（Maureen Stone）曾说过："色彩是帮助理解数据的工具，是揭示数据意义的视觉提示，所以我经常告诫设计者们，他们要做的第一件事就是指出颜色代表的意义及其功能。"

其实，中国从古代就非常重视色彩搭配，对色彩进行了透彻的研究，这在各种书画作品中皆有体现。古人还给每种颜色取了非常雅致、浪漫的名字，例如，白色系有象牙白、霜色、月白；绿色系有石青、艾绿、湖绿；红色系有嫣红、胭脂、洋红等。国际上现在以 RGB 和 HSL 两种为主导颜色模式，因此接下来主要介绍这两种颜色模式。

7.3.1 RGB 颜色模式

在图形图像的处理过程中，RGB 模式常用于颜色显示和图像处理。RGB 颜色模式使用了红（Red）、绿（Green）、蓝（Blue）来定义所选颜色的红色、绿色、蓝色的成分含量。在 24 位图像中，每种颜色成分都以 0～255 之间的数值表示。

伊顿十二色相环由著名的瑞士色彩学大师约翰内斯·伊顿（Johannes Itten）设计，如图 7-5 所示。

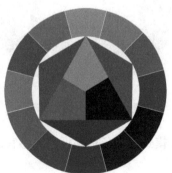

图 7-5　伊顿十二色相环

此处介绍 3 个基础概念。

（1）三原色（原色）：红、黄、蓝构成三原色。

（2）二次色（间色）：将两种原色按照不同的比例进行混合，所得到的颜色为二次色，又被称为间色。

（3）三次色（复色）：将任意两个间色或三个原色混合，混合所得的颜色为三次色（复色），三次色的范围涵盖了除原色和间色外的所有颜色。

7.3.2 HSL 颜色模式

HSL 模式也是较为常见的颜色模式，是一种更为直观的颜色表现模式。

（1）色相（Hue，H）：是指色彩的基本属性，即平常所说的颜色名称，如红色、黄色、紫色等，如图 7-6 所示为二十四色相环，从 0°～360°的圆心角来看，每一度都代表一种颜色。

（2）饱和度（Saturation，S）：是指色彩的饱和度，也就是色彩的纯度。饱和度越高，色彩越纯越浓，饱和度越低，则色彩越灰越淡。其数值范围是 0～100%，数值越大，灰色越少，颜色越鲜艳。

（3）亮度（Lightness，L）：是指色彩的明暗程度。亮度越高，色彩越白，亮度越低，色彩越黑。其作用是控制色彩的明暗变化，通常使用 0（黑）～100%（白）来描述。数值越小，颜色越暗，越接近于黑色；数值越大，色彩越亮，越接近于白色。

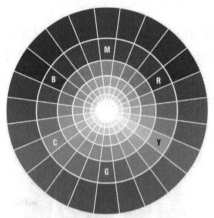

图 7-6 二十四色相环

相较于 RGB 模式，HSL 模式使用了更贴近人类感官的方式来描述色彩，可以让设计师更好地搭配色彩。

7.3.3 颜色搭配的技巧和案例

如图 7-7～图 7-13 所示分别为部分颜色搭配技巧与案例。

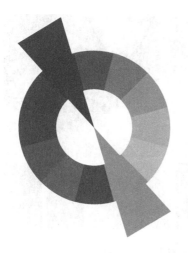
图 7-7 补色搭配 180°

图 7-8 对比色搭配 120°

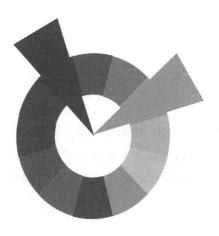
图 7-9 中度色搭配 90°

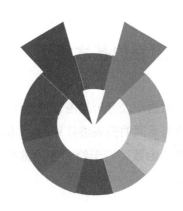
图 7-10 类似色搭配 60°

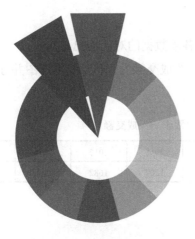
图 7-11 相近色搭配 30°

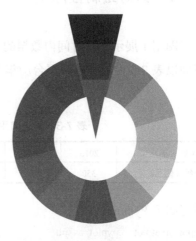
图 7-12 同色系搭配 0°

图 7-13 颜色搭配案例

来源：ps 视觉教程。

7.4 图表的基本类型

常用的图表有折线图、柱形图、条形图、直方图、饼形图、散点图等，不同的数据会使用不同的图表进行展示。Matplotlib 库是 Python 中常用的数据可视化库之一，其内置的函数可用于绘制各种常见图表，本节将通过实例逐一介绍常见图表的绘制方法。

7.4.1 如何绘制柱形图

柱形图用于展示一段时间内数据的变化或各项数据的对比情况。

下面以表 7-3 中的某电商平台历年"双十一"成交额为例，绘制柱形图并分析其数据变化。

表 7-3 某电商平台历年"双十一"成交额

年份（年）	2013	2014	2015	2016	2017	2018	2019
金额（亿元）	350	571	912	1207	1682	2135	2684

编写如下 Python 代码：

```
import matplotlib.pyplot as plt
import numpy as np
```

```
plt.rcParams['font.family'] = ['sans-serif']
plt.rcParams['font.sans-serif'] = ['SimHei']
labels = ['2013','2014','2015','2016','2017','2018','2019']
sales = [350,571,912,1207,1682,2135,2684]
width = 0.35
fig, ax = plt.subplots()
ax.bar(labels,sales,width,label='成交额')
ax.set_ylabel('成交额')
ax.set_title('某电商平台历年"双十一"成交额')
ax.legend()
plt.show()
```

在 Python 环境下运行代码,生成某电商平台历年"双十一"成交额柱形图,如图 7-14 所示。

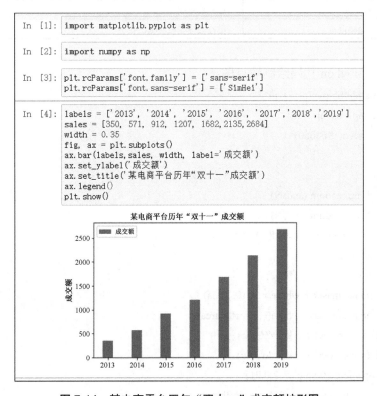

图 7-14 某电商平台历年"双十一"成交额柱形图

7.4.2 如何绘制散点图

散点图是指用两组数据构成坐标轴上的多个坐标点,通过考察坐标点的分布,判断两个变量之间是否存在某种关联或总结坐标点的分布模式。散点图的核心价值在于发现变量之间的关联，并且以此进行预测分析，做出科学决策。绘制散点图常用 scatter() 函数，其主要参数如表 7-4 所示。

表 7-4 scatter()函数的主要参数

序号	主要参数	含义
1	x/y	用于绘制图形的数据组
2	s	散点的大小
3	c	颜色
4	marker	散点的形状
5	norm	散点的亮度，取值范围是 0~1
6	alpha	混合值，取值范围是 0~1，数值越小，透明度越高
7	linewidths	散点边缘线宽
8	edgecolors	散点边缘颜色或颜色顺序

编写如下 Python 代码绘制散点图：

```python
import matplotlib.pyplot as plt
import numpy as np
np.random.seed(19680801)
N = 100
r0 = 0.6
x = 0.9 * np.random.rand(N)
y = 0.9 * np.random.rand(N)
area = (20 * np.random.rand(N))**2
c = np.sqrt(area)
r = np.sqrt(x ** 2 + y ** 2)
area1 = np.ma.masked_where(r < r0, area)
area2 = np.ma.masked_where(r >= r0, area)
plt.scatter(x,y,s=area1,marker='^',c=c)
plt.scatter(x,y,s=area2,marker='o',c=c)
theta = np.arange(0,np.pi / 2,0.01)
plt.plot(r0 * np.cos(theta),r0 * np.sin(theta))
plt.show()
```

在 Python 环境下运行代码，生成如图 7-15 所示的散点图。

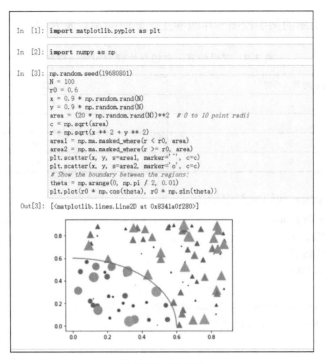

图 7-15　散点图

7.4.3　如何绘制饼形图

饼形图（Sector Graph/Pie Graph）用于表示不同分类的占比情况，根据各分类的占比将一个圆饼划分为多个区块。

绘制饼形图常用 Matplotlib 库中的 pie()函数。首先，对数据进行降序处理；其次，使用 pie()函数绘制饼形图；最后，使用 annotae()函数添加引导线。pie()函数的主要参数如表 7-5 所示。

表 7-5　pie()函数的主要参数

序号	函数	含义
1	explode	每个扇形区域离中心的距离
2	startangle	起始绘制的角度，默认从横轴正方向逆时针开始
3	shadow	是否为饼形图加阴影
4	labeldistance	label 标记的绘制位置相对于半径的比例，默认为 1:1
5	autopct	设置每个扇形区域的百分比文字，可使用格式化字符串
6	radius	饼形图的半径
7	counterclock	扇形区的绘制方向，True 为逆时针，False 为顺时针

以如表 7-6 所示的某学校高一年级学生睡眠时间调查表为例绘制饼形图。

表 7-6　某学校高一年级学生睡眠时间调查表

睡眠时间（小时）	人数（人）
6	15
7	27
8	46
9	12

编写如下 Python 代码绘制饼形图：

```
import matplotlib.pyplot as plt
labels = '6h','7h','8h','9h'
sizes = [15,27,46,12]
explode = (0,0.1,0,0)
fig1,ax1 = plt.subplots()
ax1.pie(sizes,explode=explode,labels=labels,autopct='%1.1f%%',
        shadow=False,startangle=90)
ax1.axis('equal')
plt.show()
```

在 Python 环境下运行代码，生成如图 7-16 所示的饼形图。

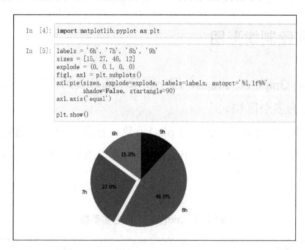

图 7-16　饼形图

7.4.4　如何绘制折线图

在生活中，图表绘制不只服务于数据，很多都应用于统计，绘制出的图表需要表现一些内容，例如，根据如表 7-7 所示的统计表对比某食品公司的 A 产品和 B 产品在 2019 年的每月销售额。

表 7-7 某食品公司的 A 产品、B 产品在 2019 年的每月销售额统计表

月份（月）	1	2	3	4	5	6	7	8	9	10	11	12
A 产品（个）	52	55	58	60	45	46	48	60	62	67	65	70
B 产品（个）	40	42	45	48	50	55	58	60	66	68	70	75

编写如下 Python 代码绘制折线图：

```python
import matplotlib.pyplot as plt
import numpy as np
x=np.linspace(-1,12,12)
plt.figure()
plt.xlim((0,12))
plt.ylim((0,80))
plt.xlabel('2019')
plt.ylabel('sales')
plt.xticks ([2,4,6,8,10,12],
            ['Feb','Apr','Jun','Aug','Oct','Dec'])
y1=np.array([52,55,58,60,45,46,48,60,62,67,65,70])
y2=np.array([40,42,45,48,50,55,58,60,66,68,70,75])
plt.plot(x,y1,label='A')
plt.plot(x,y2,color='green',linewidth=1.0,linestyle='--',label='B')
plt.legend(loc='best')
plt.show()
```

在 Python 环境下运行代码，生成如图 7-17 所示的折线图。

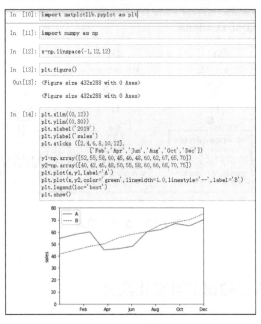

图 7-17 折线图

7.5 数据分析及可视化案例

7.5.1 数据可视化经典案例

《华盛顿邮报》《纽约时报》一直是数据可视化领域的引领者,《华盛顿邮报》在2016年里约奥运会期间的表现更是可圈可点。为了让民众更好地参与、融入奥林匹克赛事,《华盛顿邮报》推出了"可视化的里约2016"系列专栏,以交互式图表、交互式查询界面、动图等数据为主、文字为辅的表现方式,记录了奥运会的方方面面。

在记录各国所获奖牌数量上,《华盛顿邮报》选择了如图 7-18 所示的交互式图表(截图仅为举例,未展示各国最终奖牌数)。每个小人代表一个国家,小人下方的三色小圆点由上至下分别代表铜牌、银牌、金牌,圆点的个数与所获奖牌的数量相等。该图表的交互性体现在鼠标单击的小圆点会显示出对应的奖牌信息,如单击美国(The United States)最上方代表铜牌的小圆点,显示的是"举重:女子 75 千克举重,获奖者 Sarah Robles(WEIGHTLIFTING Women's Weightlifting+75kg, Awarded to Sarah Robles)"。

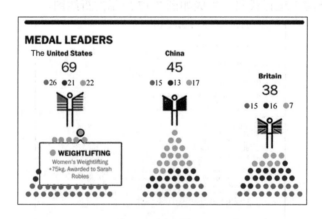

图 7-18 交互式图表

7.5.2 非结构化数据的可视化案例

在移动互联时代,数据的一大特征就是非结构化。王汉生在《数据思维:从数据分析到商业价值》中以中文文本分析了小说的三要素：人物形象、故事情节、环境描写，并以 2015 年的电视剧《琅琊榜》为例进行了分析，感兴趣的读者可以进一步阅读相关内容。

7.6 常见的数据可视化流程

下面总结数据可视化的流程。

（1）确定分析目标。收集数据、剖析数据、整理数据是数据可视化的前期工作，往往也是最耗时费力的工作。在大数据的背景下，如何从庞大纷杂的数据库中挖掘、分离、提取、分析有效数据成为关键问题。

（2）获取数据。可以从数据网站下载所需数据，也可以通过发放问卷、电话访谈等形式直接收集数据。

（3）数据预处理。删除不完整、重复、异常数据。

（4）数据处理。筛选有效数据。

（5）数据操作。也是数据分析，这是可视化流程的核心步骤，即将数据进行全面且科学的多维度分析。

（6）将数据以可视化的方式呈现。

7.7 本章小结

本章主要讲解数据可视化，首先从数据可视化的定义、意义及发展历史入手，讲解数据可视化的重要性，学会数据可视化可以让工作事半功倍。其次，列举了一些常用表格的绘制方法。数据可视化可通过较多数据库实现，本章主要讲解了 Matplotlib 库中的几个函数，如绘制折线图主要使用 plot() 函数、绘制散点图使用 scatter() 函数、绘制柱形图使用 bar() 函数、绘制饼形图使用 pie() 函数。

那么，在拿到一组数据后，如何让数据可视化？

可通过确定分析目标→收集数据→获取数据→数据预处理→数据处理→数据分析→可视化呈现的步骤，实现数据可视化。

同时，如果想让图表更出彩，色彩搭配是关键。色彩模式分为 RGB 模式和 HSL 模式，搭配技巧包括同色系搭配或互补色搭配等。颜色搭配可以让图表更加丰富多彩。

第 8 章 NumPy 数组

8.1 NumPy 库简介

NumPy（Numerical Python）库是一个开放源代码的 Python 语言扩展程序库，支持大量多维数组与矩阵运算，同时针对数组运算提供大量数学函数库。

NumPy 库的前身是 Numeric 库，最早由吉姆·胡古宁（Jim Hugunin）与其他协作者共同开发。2005 年，特拉维斯·奥利芬特（Travis Oliphant）在 Numeric 库中结合另一个同性质的程序库——Numarray 库的特色并加入其他扩展，开发出了 NumPy 库。

NumPy 库的核心特征之一是有 N 维数组对象——ndarray。NumPy 库可用于对数组执行多种数学运算，包括数学、逻辑、形状处理、排序、选择、I/O、离散傅里叶变换、基本线性代数、基本统计运算、随机模拟等。其为 Python 添加了强大的数据结构，以确保 Python 可以使用数组和矩阵进行有效计算，并且提供了可在这些数组和矩阵上运行的庞大的高级数学函数库。

8.2 NumPy 数组的生成

在使用 NumPy 数组的函数或方法之前，需要确认已经成功安装 NumPy 库。可以打开 Anaconda Navigator，在 Environment 中搜索 NumPy 库的安装情况及安装版本，如图 8-1 所示。

第 8 章 NumPy 数组

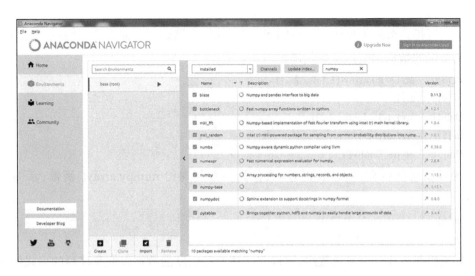

图 8-1 NumPy 库的安装情况及安装版本

在程序开始运行前，需要先写一段代码导入 NumPy 库。通常建议使用 np 作为名称导入 NumPy 库，在一段程序中只导入一次即可。示例代码如下。

In [1]: import numpy as np

下面介绍生成 NumPy 数组的方法。最简单的方法是使用 numpy.array() 函数。numpy.array() 函数的参数可以是任何序列型的对象，如列表、元组、字符串等。需要注意的是，在 NumPy 数组中的元素必须是相同的数据类型。在日常中，也会使用其他函数生成特殊数组。NumPy 数组的生成函数如表 8-1 所示。

表 8-1 NumPy 数组的生成函数

函数名	描述
numpy.array()	将输入数据（如列表、元组、数组、字符串等）转换为 N 维数组（ndarray）
numpy.arange()	Python 内建 range() 函数的数组版，返回一个数组
numpy.linspace()	生成指定区间内均匀间隔的数字序列数组
numpy.zeros()	生成指定形状的全 0 数组
numpy.ones()	生成指定形状的全 1 数组
numpy.eye()	生成指定大小的单位矩阵

8.2.1 生成一般数组

可以直接将数据以列表的形式作为参数传递给 numpy.array() 函数。示例代码如下。

In [2]: np.array([1,3,8,15])
Out[2]: array([1,3,8,15])

在没有指定数据类型时，生成的 NumPy 数组会默认使用元素中范围较广的数据类型作为数组的数据类型。示例代码如下。

```
In [3]:     arr1 = np.array([1,1.1,2,2.2])
In [4]:     arr1
Out[4]:     array([1. ,1.1,2. ,2.2])
In [5]:     arr1.dtype
Out[5]:     dtype('float64')
```

也可以直接将数据以元组的形式作为参数传递给 numpy.array() 函数。示例代码如下。

```
In [6]:     np.array((2,5,9,12))
Out[6]:     array([ 2,5,9,12])
```

如果想要生成一个多维数组，可以直接将同等长度的数据以嵌套序列的形式作为参数传递给 numpy.array() 函数。示例代码如下。

```
In [7]:     np.array([[1,2,3],[4,5,6]])
Out[7]:     array([[1,2,3],
                   [4,5,6]])
```

8.2.2　生成特殊数组

1. 生成指定区间的序列数组

在 Python 中可以使用 numpy.arange() 函数和 numpy.linspace() 函数生成指定区间的序列数组。

（1）numpy.arange() 函数。

```
numpy.arange([start,]stop[,step])
```

numpy.arange() 函数与 Python 内建的 range() 函数相似，都是生成一个以 start（默认为 0）为开始（包含 start 这个值），以 stop 为结束（不包含 stop 这个值），以 step（默认为 1）为间隔的序列数组。示例代码如下。

```
In [8]:     np.arange(4,20,4)
Out[8]:     array([ 4,8,12,16])
In [9]:     np.arange(1,9)    #step 参数缺省，步长默认为 1
Out[9]:     array([1,2,3,4,5,6,7,8])
In [10]:    np.arange(6)      #start 参数缺省，默认从 0 开始
Out[10]:    array([0,1,2,3,4,5])
```

（2）numpy.linspace() 函数。

```
numpy.linspace(start,stop[,num])
```

numpy.linspace()函数，即生成一个以 start 为开始（包含 start 这个值），以 stop 为结束（包含 stop 这个值），包含 num（默认为 50，必须为非负数）个均匀间隔的数字元素的序列数组。示例代码如下。

```
In [11]:     np.linspace(0,2,9)
Out[11]:     array([0. ,0.25,0.5,0.75,1.,1.25,1.5,1.75,2. ])
In [12]:     np.linspace(2,3)     #num 缺省，默认生成 50 个元素
Out[12]:     array([2.        , 2.02040816, 2.04081633, 2.06122449, 2.08163265,
               2.10204082, 2.12244898, 2.14285714, 2.16326531, 2.18367347,
               2.20408163, 2.2244898 , 2.24489796, 2.26530612, 2.28571429,
               2.30612245, 2.32653061, 2.34693878, 2.36734694, 2.3877551 ,
               2.40816327, 2.42857143, 2.44897959, 2.46938776, 2.48979592,
               2.51020408, 2.53061224, 2.55102041, 2.57142857, 2.59183673,
               2.6122449 , 2.63265306, 2.65306122, 2.67346939, 2.69387755,
               2.71428571, 2.73469388, 2.75510204, 2.7755102 , 2.79591837,
               2.81632653, 2.83673469, 2.85714286, 2.87755102, 2.89795918,
               2.91836735, 2.93877551, 2.95918367, 2.97959184, 3.        ])
```

2. 生成指定形状的全 0 数组

在 Python 中可以使用 numpy.zeros()函数生成指定形状的全 0 数组。示例代码如下。

```
In [13]:     np.zeros(3)          #生成长度为 3 的全 0 一维数组
Out[13]:     array([0.,0.,0.])
In [14]:     np.zeros((2,3))      #生成 2 行 3 列的全 0 多维数组
Out[14]:     array([[0.,0.,0.],
                    [0.,0.,0.]])
```

3. 生成指定形状的全 1 数组

在 Python 中，可以使用 numpy.ones()函数生成指定形状的全 1 数组。示例代码如下。

```
In [15]:     np.ones(3)           #生成长度为 3 的全 1 一维数组
Out[15]:     array([1.,1.,1.])
```

或

```
In [16]:     np.ones((2,3))       #生成 2 行 3 列的全 1 多维数组
Out[16]:     array([[1.,1.,1.],
                    [1.,1.,1.]])
```

4. 生成指定大小的单位矩阵

在 Python 中可以使用 numpy.eye()函数生成指定大小的单位矩阵。

单位矩阵是指对角线的元素值全为 1，其余位置的元素值全为 0 的方阵。numpy.eye()函数需要在括号中指明方阵的大小。示例代码如下。

```
In [17]:   np.eye(3)    #生成一个 3×3 的单位矩阵
Out[17]:   array([[1.,0.,0.],
                  [0.,1.,0.],
                  [0.,0.,1.]])
```

8.2.3 生成随机数组

在 Python 中，可以使用 NumPy 库中的 random 模块生成随机数组，如表 8-2 所示为 numpy.random 中的部分常用函数。

表 8-2 numpy.random 中的部分常用函数

函数名	描述
numpy.random.rand()	从均匀分布中抽取样本，生成(0,1)之间的随机数组
numpy.random.randn()	从均值为 0、方差为 1 的正态分布中抽取样本，生成随机数组
numpy.random.randint()	生成指定范围内的随机整数数组
numpy.random.choice()	从已知数组中随机选取相应大小的数组
numpy.random.shuffle()	打乱原数组的元素顺序
numpy.random.permutation()	返回一个序列的随机排列数组，或者返回一个乱序的整数范围序列

（1）numpy.random.rand()函数主要用于从均匀分布中抽取样本，生成(0,1)之间的随机数组。示例代码如下。

```
In [18]:   np.random.rand(3)    #生成长度为 3 的位于(0,1)之间的随机数组
Out[18]:   array([0.44303479, 0.30818049, 0.919906712])
In [19]:   np.random.rand(2,3)  #生成 2 行 3 列的位于(0,1)之间的随机数组
Out[19]:   array([[0.81392679, 0.19149015, 0.26872528],
                  [0.96405824, 0.12916901, 0.98955107]])
```

（2）numpy.random.randn()函数主要用于从均值为 0、方差为 1 的正态分布中抽取样本，生成随机数组。示例代码如下。

```
In [20]:   np.random.randn(3)   #生成长度为 3 的满足正态分布的随机数组
Out[20]:   array([ 1.62574603,-0.49792972,-0.15460381])
In [21]:   np.random.randn(2,3) #生成 2 行 3 列的满足正态分布的随机数组
Out[21]:   array([[ 2.32903542,-0.81363923,-0.40072464],
                  [-0.52149805,0.41052919,-1.58212741]])
```

（3）numpy.random.randint()函数与 numpy.arange()函数相似，用于生成指定范围内的随机整数数组。示例代码如下。

numpy.random.randint([low,]high[,size])

numpy.random.randint()函数在左闭右开区间[low, high)中，生成数组大小为 size（默认为 1）的满足均匀分布的随机整数数组。在 low 缺省时，默认为[0,1)区间，此时 size

参数必须写为"size="一个值或一对值。示例代码如下。

```
In [22]:   np.random.randint(2,6,5)        #在区间[2,6)生成长度为 5 的随机整数数组
Out[22]:   array([3,2,5,5,4])
In [23]:   np.random.randint(2,6,(2,3))    #在区间[2,6)生成 2 行 3 列的随机整数数组
Out[23]:   array([[4,3,3],
                  [3,4,2]])
In [24]:   np.random.randint(5,size=3)     #在区间[0,5)生成长度为 3 的随机整数数组
Out[24]:   array([2,3,0])
In [25]:   np.random.randint(5,size=(2,3)) #在区间[0,5)生成 2 行 3 列的随机整数数组
Out[25]:   array([[0,2,0],
                  [4,1,0]])
```

（4）numpy.random.choice()函数主要用于从已知数组中随机选取相应大小的数组。

```
numpy.random.choice(a,size,[replace=True,p])
```

其中，a 可以是一维数组，表示从该数组中随机采样；也可以是一个整数，表示从 range(a)中随机采样。Size 表示生成数组的大小，一个值即为一维数组，一对值即为多维数组。replace 为布尔型，默认为 True，表示元素可以重复，当其值为 False 时，元素不可重复（False 仅可用于 size 不大于已知数组 a 的大小的情况）。p 表示一维数组，指定了每个元素被采样的概率，在缺省时概率相同。示例代码如下。

```
In [26]:   np.random.choice(5,3)
Out[26]:   array([2,3,3])
In [27]:   np.random.choice(5,3,replace=False)    #采样元素不重复
Out[27]:   array([4,3,0])
           #每个元素被采样的概率不同
In [28]:   np.random.choice(5,(2,3),p=[0.5,0.1,0.1,0.2,0.1])
Out[28]:   array([[3,0,2],
                  [0,2,0]], dtype=int64)
In [29]:   a=['red','green','blue','yellow','white','black']
           np.random.choice(a,3)                  #a 可以是字符串列表
Out[29]:   array(['yellow','white','white'],dtype='<U6')
```

（5）numpy.random.shuffle()函数主要用于打乱原数组的元素顺序，与扑克牌的洗牌操作相似。示例代码如下。

```
In [30]:   a=np.arange(10)
           a
Out[30]:   array([0,1,2,3,4,5,6,7,8,9])
In [31]:   np.random.shuffle(a)
           a
Out[31]:   array([2,8,7,0,9,5,6,1,3,4])
```

（6）numpy.random.permutation()函数与 numpy.random.shuffle()函数相似，也用来打乱原数组的元素顺序。但不同的是，numpy.random.permutation()函数不会改变原数组的

元素排列，而是返回一个新的随机排列数组。示例代码如下。

```
In [32]:    a=np.arange(10)
            np.random.permutation(a)
Out[32]:    array([8,5,3,7,0,2,9,6,1,4])
In [33]:    a
Out[33]:    array([0,1,2,3,4,5,6,7,8,9])
```

8.3 NumPy 数组基础

8.3.1 NumPy 数组的基本属性

NumPy 数组的基本属性主要包括 ndim（维度）、shape（形状）、size（大小）、dtype（数据类型）等。示例代码如下。

```
In [34]:    arr=np.random.randint(10,size=(2,3,4))
            arr
Out[34]:    array([[[4,5,5,0],
                    [5,2,8,5],
                    [5,2,4,1]],
                   [[1,7,7,1],
                    [9,6,6,9],
                    [2,8,8,0]]])
In [35]:    print('arr ndim: ',arr.ndim)
            print('arr shape: ',arr.shape)
            print('arr size: ',arr.size)
            print('arr dtype: ',arr.dtype)
Out[35]:    arr ndim:3
            arr shape:(2,3,4)
            arr size:24
            arr dtype:int32
```

NumPy 数组的数据类型可以在生成数组的时候指定，也可以由 Python 自行判断。NumPy 数组的常见数据类型如表 8-3 所示。

表 8-3 NumPy 数组的常见数据类型

数据类型	描述
bool_	布尔型，包括 True 和 False
int_	默认整型，在通常情况下是 int32 或 int64
uint64	无符号整型

续表

数据类型	描述
float_	双精度浮点型，是 float64 的简化形式
complex_	复数，是 complex128 的简化形式
string_	字符串型

8.3.2 数组索引：获取单个元素

NumPy 数组的索引方法与 Python 列表的索引方法相似。在一维数组中，可以通过中括号指定索引第 i 个值（从 0 开始计数），或者使用负值从末尾索引。示例代码如下。

In [36]:	arr=np.array([2,3,6,1,7,9])
In [37]:	arr[3]
Out[37]:	1
In [38]:	arr[-1]
Out[38]:	9

在多维数组中，可以使用逗号隔开的索引元组获取元素。示例代码如下。

In [39]:	arr=np.array([[1,2,3,4],[5,6,7,8]])
In [40]:	arr[0,3]
Out[40]:	4
In [41]:	arr[1,-2]
Out[41]:	7

上述索引方式还可以用来修改 NumPy 数组中元素的值。值得注意的是，NumPy 数组的数据类型是统一的，如果想要将整型数组中的元素修改为浮点数，那么浮点数将被截短为整型。

8.3.3 数组切片：获取子数组

NumPy 数组的切片方法与 Python 列表的切片方法相似，我们可以使用切片（slice）符号获取子数组，切片符号用冒号（:）表示。

arr[start:stop:step]

在 NumPy 数组中，可以通过上述方式获取数组 arr 的一个切片，即获取一个以 start（包含 start 这个元素索引）为开始，以 stop（不包含 stop 这个元素索引）为结束，间隔为 step 的子数组。若这 3 个参数均缺省，则 start 默认为 0，stop 默认为数组的大小，step 默认为 1。示例代码如下。

In [42]:	arr=np.array([1,2,3,4,5,6])

In [43]:   arr[: :]   #3 个参数均缺省，获取原数组全部元素
Out[43]:   array([1,2,3,4,5,6])

1. 一维子数组

在获取一维子数组时，start 与 stop 的元素索引可参照获取单个元素的方法，即可以正负值混用。示例代码如下。

In [44]:   arr=np.arange(10)
            arr
Out[44]:   array([0,1,2,3,4,5,6,7,8,9])
In [45]:   arr[3:6]   #获取索引 3~6，但不包含 6 的子数组
Out[45]:   array([3,4,5])
In [46]:   arr[4:-2]   #获取索引 4 到末尾索引-2，但不包含-2 的子数组
Out[46]:   array([4,5,6,7])

当 start 或 stop 缺省时，可获取某元素之前或之后的所有元素。示例代码如下。

In [47]:   arr[:5]   #获取索引 5（不包含 5）之前的所有元素
Out[47]:   array([0,1,2,3,4])
In [48]:   arr[4:]   #获取索引 4 之后的所有元素
Out[48]:   array([4,5,6,7,8,9])

使用 step 参数间隔获取数组中的元素并构成子数组。示例代码如下。

In [49]:   arr[2 : :2]   #获取索引 2 之后间隔为 2 的所有元素
Out[49]:   array([2,4,6,8])
In [50]:   arr[: :-1]   #获取所有元素的逆序
Out[50]:   array([9,8,7,6,5,4,3,2,1,0])
In [51]:   arr[8 : :-2]   #获取从索引 8 开始，逆序间隔为 2 的所有元素
Out[51]:   array([8,6,4,2,0])

在获取子数组的时候，也可以通过传入某个判断条件，获取符合该条件的元素。示例代码如下。

In [52]:   arr[arr>3]   #获取数组中大于 3 的元素
Out[52]:   array([4,5,6,7,8,9])

2. 多维子数组

在获取多维子数组时，数组在中括号中使用逗号间隔，以实现对不同维度，以及行和列的区分。各维度的切片方法与一维数组的切片方法相同,使用切片符号构成子数组。示例代码如下。

            #生成一个[0, 24)的数组并重塑为(2, 3, 4)的数组形状
In [53]:   arr=np.arange(24).reshape(2,3,4)
            arr
Out[53]:   array([[[0,1,2,3],
                   [4,5,6,7],

```
                     [ 8,9,10,11]],
                     [[12,13,14,15],
                      [16,17,18,19],
                      [20,21,22,23]]])
In [54]:    arr[1]         #获取一维的所有元素，等同于 arr[1, : , :]
Out[54]:    array([[12,13,14,15],
                   [16,17,18,19],
                   [20,21,22,23]])
```

以二维数组为例，我们可以使用切片符号灵活获取某些行或某些列的指定元素。示例代码如下。

```
In [55]:    arr=np.array([[1,2,3,4],[5,6,7,8],[9,10,11,12]])
            arr
Out[55]:    array([[ 1,2,3,4],
                   [ 5,6,7,8],
                   [ 9,10,11,12]])
In [56]:    arr[0]         #获取第 0 列的所有元素，等同于 arr[0, :]
Out[56]:    array([1,2,3,4])
In [57]:    arr[ : ,2]     #获取第 2 行的所有元素
Out[57]:    array([ 3,7,11])
In [58]:    arr[1: ,1:3]   #获取第 1~2 行、第 1~2 列的元素
Out[58]:    array([[ 6,7],
                   [10,11]])
In [59]:    arr[ : , : :2] #从第 0 列开始，以 2 为间隔，获取所有列的元素
Out[59]:    array([[ 1,3],
                   [ 5,7],
                   [ 9,11]])
```

8.4　NumPy 数组重塑

所谓 NumPy 数组重塑，就是改变 NumPy 数组的形状、大小及行列位置。我们可以使用 reshape 方法对 NumPy 数组进行变形，也可以使用 transpose 方法对 NumPy 数组进行转置和换轴，还可以使用 numpy.concatenate()函数等对 NumPy 数组进行拼接，或者使用 numpy.split()函数等对 NumPy 数组进行分裂。

8.4.1 NumPy 数组的变形

若使用 reshape 方法变形 NumPy 数组，则必须要确保 NumPy 数组在变形前后的大小相同。例如，由 8 个元素构成的一维数组可以变形为 2 行 4 列或 4 行 2 列，4 行 3 列的多维数组可以变形为 2 行 6 列。示例代码如下。

```
In [60]:   arr=np.arange(8)
           arr
Out[60]:   array([0,1,2,3,4,5,6,7])
In [61]:   arr.reshape(2,4)
Out        array([[0,1,2,3],
[61]:             [4,5,6,7]])
```

reshape 方法也可以直接用于 NumPy 数组生成。示例代码如下。

```
In [62]:   arr=np.arange(12).reshape(4,3)
           arr
Out[62]:   array([[ 0,1,2],
                  [ 3,4,5],
                  [ 6,7,8],
                  [ 9,10,11]])
```

8.4.2 NumPy 数组的转置和换轴

在 NumPy 数组中，我们可以使用 transpose 方法对其进行转置和换轴，当 transpose() 函数中的参数缺省时，可以将其简化为 T 方法，即对 NumPy 数组的轴进行全逆序交换。这对于二维数组来说，等同于矩阵转置。示例代码如下。

```
In [63]:   arr=np.arange(6).reshape(2,3)
           arr
Out[63]:   array([[0,1,2],
                  [3,4,5]])
In [64]:   arr.T    #NumPy 数组的转置，等同于 arr.transpose()
Out[64]:   array([[0,3],
                  [1,4],
                  [2,5]])
```

观察上面的 NumPy 数组可发现，元素 3 原本的索引是(1,0)，使用 T 方法转置后，元素 3 的索引变为了(0,1)，即将行和列的索引值进行了交换，其他元素亦然。对于二维数组来说，元素的索引由 2 个值组成，第 1 个值被称为在 0 轴上的位置，第 2 个值被称为在 1 轴上的位置。那么，对二维数组进行转置的 T 方法就是将 NumPy 数组的 0 轴和 1 轴进行交换，我们使用 transpose 方法可以将其写为 transpose((1,0))，而原 NumPy 数组不换轴则可以表示为 transpose((0,1))。示例代码如下。

```
In [65]:    arr=np.arange(6).reshape(2,3)
            arr
Out[65]:    array([[0, 1, 2],
                   [3, 4, 5]])
In [66]:    arr.transpose((0,1))    #保持 0 轴和 1 轴的位置不变
Out[66]:    array([[0,1,2],
                   [3,4,5]])
In [67]:    arr.transpose((1,0))    #交换 0 轴和 1 轴的位置
Out[67]:    array([[0,3],
                   [1,4],
                   [2,5]])
```

更高维度的 NumPy 数组同样可以使用 transpose 方法进行换轴。以三维数组为例，每个元素的索引由 3 个值组成，分别对应在 0 轴、1 轴、2 轴上的位置。示例代码如下。

```
In [68]:    arr=np.arange(12).reshape(2,2,3)
            arr
Out[68]:    array([[[ 0,1,2],
                    [ 3,4,5]],
                   [[ 6,7,8],
                    [ 9,10,11]]])
In [69]:    arr.transpose((1,0,2))    #交换 0 轴和 1 轴的位置，2 轴不变
Out[69]:    array([[[ 0,1,2],
                    [ 6,7,8]],
                   [[ 3,4,5],
                    [ 9,10,11]]])
In [70]:    arr.T                     #等同于 arr.transpose()，也等同于 arr.transpose((2, 1, 0))
Out[70]:    array([[[ 0,6],
                    [ 3,9]],
                   [[ 1,7],
                    [ 4,10]],
                   [[ 2,8],
                    [ 5,11]]])
```

观察上面这个 NumPy 数组的变化过程可知，元素 8 原本的索引是(1,0,2)，使用 transpose((1,0,2))交换 0 轴和 1 轴并保持 2 轴不变后，元素 8 的索引变为(0,1,2)，其他元素亦然。在使用了 T 方法后，NumPy 数组的轴实现了全逆序交换，元素 8 的索引变为(2,0,1)，即换轴之后的位置为 2 轴、1 轴、0 轴。

8.4.3 NumPy 数组的拼接与分裂

前面介绍的操作均针对的是单一 NumPy 数组，有时也需要将多个 NumPy 数组进行拼接，或者将一个 NumPy 数组分裂为多个 NumPy 数组。

1. NumPy 数组的拼接

NumPy 数组的拼接主要可以通过使用 numpy.concatenate() 函数实现。numpy.concatenate()函数包含 2 个参数，第 1 个参数是需要拼接的 NumPy 数组元组或 NumPy 数组列表，第 2 个参数是在拼接时沿着的轴 axis（默认为 0），用于多维数组拼接。示例代码如下：

```
In [71]:  a=np.array([1,2,3])
          b=np.array([3,2])
In [72]:  np.concatenate([a,b])         #一维数组的拼接
Out[72]:  array([1,2,3,3,2])
In [73]:  c=np.array([[1,2,3],[4,5,6]])
In [74]:  np.concatenate([c,c])         #沿 0 轴拼接
Out[74]:  array([[1,2,3],
                 [4,5,6],
                 [1,2,3],
                 [4,5,6]])
In [75]:  d=np.array([[1,2],[3,4]])
          np.concatenate([c,c],axis=1)  #沿 1 轴拼接
Out[75]:  array([[1,2,3,1,2],
                 [4,5,6,3,4]])
```

如果想将上述代码的 a 数组和 c 数组沿垂直方向拼接，numpy.concatenate()函数无法实现，此时需要使用 numpy.vstack（垂直栈）函数。示例代码如下：

```
In [76]:  np.vstack([a, c])
Out[76]:  array([[1, 2, 3],
                 [1, 2, 3],
                 [4, 5, 6]])
```

与之相似的还有 numpy.hstack（水平栈）函数，可以进行水平方向拼接，以及 numpy.dstack 函数可以沿着第三个维度方向进行拼接。

2. NumPy 数组的分裂

NumPy 数组分裂的过程与拼接相反，其主要通过 numpy.split() 函数实现。

numpy.split()函数包含 3 个参数，第 1 个参数是需要分裂的 NumPy 数组名称；第 2 个参数是一个索引列表，表明分裂点的位置，从 0 开始计数，也是下一个子数组的起始位置；第 3 个参数是分裂时沿着的 axis 轴（默认为 0）。示例代码如下。

```
In [77]:   a=np.arange(8)
           np.split(a,[3,5])
Out[77]:   [array([0,1,2]), array([3,4]), array([5,6,7])]
In [78]:   b=np.array([[0,1,2],[3,4,5]])
           np.split(b,[1],axis=1)
Out[78]:   [array([[0],
                   [3]]), array([[1,2],
                                 [4,5]])]
```

可以沿着指定维度进行 NumPy 数组分裂，也可以使用 numpy.vsplit()、numpy.hsplit()等函数沿着水平及垂直方向进行分裂。示例代码如下。

```
In [79]:   c=np.arange(16).reshape(4,4)
           np.vsplit(c,[2])
Out[79]:   [array([[0,1,2,3],
                   [4,5,6,7]]), array([[ 8, 9,10,11],
                                       [12,13,14,15]])]
```

与之相似的还有 numpy.dsplit()函数，其可以沿着第三个维度进行 NumPy 数组分裂。

8.5　NumPy 库中的线性代数

在 Python 中，可以使用 NumPy 库中的 linalg 模块处理线性代数的相关问题，下面介绍 numpy.linalg 中的部分常用函数，如表 8-4 所示。

表 8-4　numpy.linalg 中的部分常用函数

函数名	描述
numpy.dot()	矩阵乘法
numpy.linalg.det()	计算矩阵的行列式
numpy.linalg.inv()	计算方阵的逆矩阵
numpy.linalg.solve()	求解 x 的线性方程 $Ax=b$，其中 A 是矩阵

8.5.1　矩阵乘法

在 Python 中对 2 个 NumPy 数组进行乘法（*）运算，得出的结果是 NumPy 数组的逐元素乘积，而不是矩阵乘积。若要进行矩阵乘法运算，则需要使用numpy.dot()函数，或者dot方法（可简化为特殊操作符"@"）。示例代码如下。

In [80]:　　a=np.array([[1,2,3],[4,5,6]])
　　　　　　a
Out[80]:　　array([[1,2,3],
　　　　　　　　　[4,5,6]])
In [81]:　　b=np.array([[1,2],[3,4],[5,6]])
　　　　　　b
Out[81]:　　array([[1,2],
　　　　　　　　　[3,4],
　　　　　　　　　[5,6]])
In [82]:　　np.dot(a,b)
Out[82]:　　array([[22,28],
　　　　　　　　　[49,64]])

np.dot(a,b)等价于 a.dot(b)，也可以简化为 a @ b。示例代码如下。

In [83]:　　a.dot(b)
Out[83]:　　array([[22,28],
　　　　　　　　　[49,64]])
In [84]:　　a @ b
Out[84]:　　array([[22,28],
　　　　　　　　　[49,64]])

在进行矩阵乘法运算时，第一个矩阵的列数和第二个矩阵的行数必须相同。

8.5.2　行列式

在线性代数中，行列式是非常有用的值，可以通过计算方程组的系数行列式来判断方程组是否存在唯一解。当系数行列式的值不等于 0 时，方程组有唯一解。在 NumPy 库中，可以使用 numpy.linalg.det()函数计算矩阵的行列式。示例代码如下。

In [85]:　　a=np.array([[1,2],[3,4]])
　　　　　　np.linalg.det(a)
Out[85]:　　-2.0000000000000004

8.5.3　求线性方程的解

设未知列矩阵为 X，系数矩阵为 A，常数列向量为 b 则有 $AX=b$，在 NumPy 库中，我们可以使用 numpy.linalg.solve()函数求线性方程 $AX=b$ 的解。或者在确定方程组有唯一解时，使用 numpy.linalg.inv()函数计算 A 的逆矩阵 A^{-1}，用 A^{-1} 左乘方程两端得到 $X=A^{-1}b$，再进行矩阵乘法运算，得出方程的解。

在《九章算术》中有这样一道题："今有上禾三秉，中禾二秉，下禾一秉，实三十九斗；上禾二秉，中禾三秉，下禾一秉，实三十四斗；上禾一秉，中禾二秉，下禾三秉，实二十六斗。问上、中、下禾实一秉各几何？"

假设上禾实一秉 x 斗、中禾实一秉 y 斗、下禾实一秉 z 斗，可列出如下方程组。

$$\begin{cases} 3x+2y+z=39 \\ 2x+3y+z=34 \\ x+2y+3z=26 \end{cases} \tag{8-1}$$

在此方程组中，我们可以得到系数矩阵 A：

$$\begin{pmatrix} 3 & 2 & 1 \\ 2 & 3 & 1 \\ 1 & 2 & 3 \end{pmatrix} \tag{8-2}$$

还可以得到方程组的常数列向量 b：

$$\begin{pmatrix} 39 \\ 34 \\ 26 \end{pmatrix} \tag{8-3}$$

可以使用 numpy.linalg.solve() 函数进行求解。示例代码如下。

```
In [86]:  A=np.array([[3,2,1],[2,3,1],[1,2,3]])
          b=np.array([[39],[34],[26]])
          np.linalg.solve(a,b)
Out[86]:  array([[9.25],
                 [4.25],
                 [2.75]])
```

得到方程组的解 x=9.25，y=4.25，z=2.75，经验证，求解正确。

对于方程组 $AX=b$，可以计算系数矩阵 A 的行列式，判断其是否存在唯一解，以及 A 是否可逆。如果 A 可逆，则有 $X=A^{-1}b$。在 NumPy 库中，我们可以使用 numpy.linalg.inv() 函数计算方阵的逆矩阵。使用如下方法同样可以得到方程组的解。示例代码如下。

```
In [87]:  np.linalg.det(A)         #计算系数矩阵 A 的行列式
Out[87]:  12.0
          #由于|A|≠0，方程组有唯一解
          #因为 n 阶矩阵 A 可逆的充要条件是|A|≠0，所以 A 可逆
In [88]:  Ainv=np.linalg.inv(A)    #计算系数矩阵 A 的逆矩阵 A⁻¹
In [89]:  np.dot(Ainv,b)           #计算 A⁻¹ 和常数列向量 b 的矩阵乘积
Out[89]:  array([[9.25],
                 [4.25],
                 [2.75]])
```

8.6 通用函数

通用函数（Ufunc）是在多维数组（Ndarray）中进行逐元素操作的函数。通用函数包含 2 种类型：一元通用函数（Unary Ufunc）是对单个输入进行操作，二元通用函数（Binary Ufunc）是对两个输入进行操作。

8.6.1 一元通用函数

与 Python 中的内置函数相似，我们可以使用 numpy.abs()函数逐元素计算数组的绝对值，也可以使用 numpy.sqrt()函数逐元素计算数组的平方根。示例代码如下。

```
In [90]:    a=np.array([2,-1,3,0,-5])
            np.abs(a)    #计算每个元素的绝对值
Out[90]:    array([2,1,3,0,5])
In [91]:    b=np.arange(10)
            np.sqrt(b)    #计算每个元素的平方根
Out[91]:    array([0.        , 1.        , 1.41421356, 1.73205081, 2.        ,
                   2.23606798, 2.44948974, 2.64575131, 2.82842712, 3.        ])
```

在 NumPy 库中，常见的其余一元通用函数如表 8-5 所示。

表 8-5 在 NumPy 库中常见的其余一元通用函数

函数名	描述
abs	计算每个元素的绝对值
sqrt	计算每个元素的平方根
square	计算每个元素的平方
exp	计算每个元素的自然指数
log、log10、log2、log1p	分别计算自然对数、以 10 为底、以 2 为底的对数，以及 log(1+x)
sign	计算每个元素的符号值：1（正数）、0、-1（负数）
modf	适用于浮点数，将小数和整数部分以独立的数组返回
isnan	判断每个元素是否是 NaN，返回布尔值

8.6.2 二元通用函数

与 Python 的内置运算符相似，我们也可以直接使用运算符进行 NumPy 数组间的计算,这些运算符都是 NumPy 库内置函数的简单封装器。同样,也可以使用 NumPy 库中对应的通用函数进行 NumPy 数组间的计算。在进行 NumPy 数组计算时,既可以进行 NumPy 数组和标量的计算,也可以进行 NumPy 数组与 NumPy 数组的逐元素计算。对于不同形状的 NumPy 数组间的计算,可参考 8.6.3 节,遵循广播的规则。

1. 算术运算符

NumPy 库提供的算术运算符如表 8-6 所示。

表 8-6　NumPy 库提供的算术运算符

运算符	对应的通用函数	描述
+	add	对应元素加法运算
-	subtract	对应元素减法运算
*	multiply	对应元素乘法运算
/	divide	对应元素除法运算
//	floor_divide	对应元素向下整除运算
**	power	将第二个数组的元素作为第一个数组对应元素的幂次方,进行指数运算
%	mod	对应元素求模运算

使用 NumPy 库的通用函数,其功能与运算符等价。示例代码如下。

```
In [92]:   a=np.array([1,2,3,4])
           b=np.array([2,2,3,3])
           np.power(a,b)        #等价于 a**b
Out[92]:   array([ 1,4,27,64], dtype=int32)
In [93]:   np.add(a,5)          #等价于 a+5
Out[93]:   array([6,7,8,9])
In [94]:   c=np.ones((2,4))     #生成一个 2 行 4 列的全 1 数组
           np.subtract(a,c)     #等价于 a-c
Out[94]:   array([[0.,1.,2.,3.],
                  [0.,1.,2.,3.]])
```

使用运算符可以更灵活地进行组合计算。示例代码如下。

```
In [95]:   (a*2-1)**2
Out[95]:   array([ 1,9,25,49], dtype=int32)
```

2. 关系运算符

NumPy 库提供的关系运算符如表 8-7 所示,运算返回的结果为布尔型数组。

表 8-7 NumPy 库提供的关系运算符

运算符	对应的通用函数	描述
>	greater	大于
>=	greater_equal	大于等于
<	less	小于
<=	less_equal	小于等于
==	equal	等于
!=	not_equal	不等于

使用 NumPy 库中的通用函数，其功能与运算符等价。示例代码如下。

```
In [96]:    a=np.array([1,2,3,4,5])
            np.less(a,3)              #等价于 a<3
Out[96]:    array([ True,True,False,False,False])
In [97]:    b=np.array([5,4,3,2,1])
            np.greater_equal(a,b)     #等价于 a>=b
Out[97]:    array([False,False,True,True,True])
```

在 NumPy 库中，还有 maximum 和 minimum 两个通用函数，它们常用于数组比较。示例代码如下。

```
In [98]:    np.maximum(a,b)     #逐元素返回最大值
Out[98]:    array([5,4,3,4,5])
In [99]:    np.minimum(a,b)     #逐元素返回最小值
Out[99]:    array([1,2,3,2,1])
```

3. 逻辑运算符

NumPy 库提供的逻辑运算符如表 8-8 所示，返回的结果为布尔型数组。

表 8-8 NumPy 库提供的逻辑运算符

运算符	对应的通用函数	描述
&	logical_and	逐元素的逻辑与操作
|	logical_or	逐元素的逻辑或操作
~	logical_xor	逐元素的逻辑异或操作

使用 NumPy 库中的通用函数，其功能与运算符等价。示例代码如下。

```
In [100]:   a=np.array([1,2,3,4,5])
            np.logical_and(a>1,a<5)   #等价于(a>1) & (a<5)
Out[100]:   array([False,True,True,True,False])
```

8.6.3 广播

相同形状的 NumPy 数组可使用二元通用函数进行逐元素计算。在 NumPy 库中，二元通用函数适用于 NumPy 数组和标量之间，以及不同形状的 NumPy 数组之间的计

算,但需要遵循广播的规则。

以标量为例,若要使用二元通用函数计算标量与 NumPy 数组的结果,首先要将标量根据 NumPy 数组的形状进行广播,待广播成相同的形状后,再进行逐元素计算。示例代码如下。

```
In [101]:   a=np.arange(3)
            a
Out[101]:   array([0, 1, 2])
In [102]:   a+2
Out[102]:   array([2, 3, 4])
```

在计算一维数组与二维数组时,当一维数组的列数与二维数组的列数相同时,可将一维数组沿着第二个维度进行广播,待其广播成与二维数组相同的形状时,再进行逐元素计算。示例代码如下。

```
In [103]:   b=np.ones((2,3))
            b+a
Out[103]:   array([[1.,2.,3.],
                   [1.,2.,3.]])
```

比较复杂的情况是 2 个 NumPy 数组都需要进行广播,此时可先匹配出一个公共形状,然后再逐元素计算。示例代码如下。

```
In [104]:   c=np.arange(3).reshape(3,1)
            c
Out[104]:   array([[0],
                   [1],
                   [2]])
In [105]:   a+c
Out[105]:   array([[0,1,2],
                   [1,2,3],
                   [2,3,4]])
```

以上示例 NumPy 数组经过可视化后如图 8-2 所示,图中的透明方盒表示广播的值,其并不实际改变 NumPy 数组的形状,只是以可视化的方式将其展示出来,以便于我们理解广播的概念。

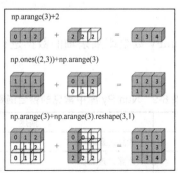

图 8-2 NumPy 数组广播的可视化示例

此外，广播不但适用于加法运算，而且适用于其他二元通用函数。

8.7 常用的数据分析函数

NumPy 库是用于数据分析的很好的工具，除了上述的 ufunc 通用函数，还有用于条件判断的 where 函数、用于描述统计的聚合函数、用于数组元素排序的 sort 函数，以及与集合相关的函数等。

8.7.1 条件函数

numpy.where(condition, x, y) 条件函数等价于三元表达式 x if condition else y。若条件（condition）为真，则返回 x，反之则返回 y。其中，条件（condition）为一个布尔型数组，当参数 x 和 y 缺省时，返回满足条件的值所对应的位置。示例代码如下。

In [106]:   score=np.random.randint(0,100,8)   #生成[0, 100)之间的 8 个随机整数
              score
Out[106]: array([28,71,5,52,27,83,51,82])
In [107]:   np.where(score>=60,'及格','不及格')
Out[107]: array(['不及格','及格','不及格','不及格','不及格','及格','不及格','及格'],dtype='<U3')
In [108]:   np.where(score>=60)   #返回满足条件的值所在的位置
Out[108]: (array([1,5,7],dtype=int64),)

参数 x 和 y 既可以是标量，也可以是 NumPy 数组。示例代码如下。

In [109]:   np.where(score>=60,score,'不及格')   #将小于 60 的数据替换为'不及格'
Out[109]: array(['不及格','71','不及格','不及格','不及格','83','不及格','82'],dtype='<U11')

8.7.2 聚合函数

聚合函数是指对整个 NumPy 数组或某条轴的数据进行统计运算。NumPy 库中常见的聚合函数如表 8-9 所示。

表 8-9   NumPy 库中常见的聚合函数

函数名	描述
sum	计算元素的和
prod	计算元素的积
mean	计算元素的平均值

续表

函数名	描述
std、var	分别计算元素的标准差、方差
median	计算元素的中位数
min、max	分别计算元素的最小值、最大值
argmin、argmax	分别为元素最小值、最大值对应的索引
cumsum	计算所有元素的累积和
cumprod	计算所有元素的累积积

例如,输入4位同学的语文、数学、英语成绩。示例代码如下。

```
In [110]:   a=np.array([74, 66, 60])
            b=np.array([97, 98, 86])
            c=np.array([51, 52, 60])
            d=np.array([95, 42, 51])
```

使用 NumPy 数组的拼接函数构建成绩表的数组 score。示例代码如下。

```
In [111]:   score=np.vstack([a,b,c,d])
            score
Out[111]:   array([[74,66,60],
                   [97,98,86],
                   [51,52,60],
                   [95,42,51]])
```

接下来使用 numpy.sum()函数和 numpy.mean()函数计算所有成绩的和及平均值,也可以使用 axis 参数按行计算每位同学的总分,或者按列计算每门学科的平均分。示例代码如下。

```
In [112]:   np.sum(score)              #计算所有元素的和
Out[112]:   832
In [113]:   np.mean(score)             #计算所有元素的平均值
Out[113]:   69.33333333333333
In [114]:   np.sum(score,axis=1)       #计算每位同学的总分
Out[114]:   array([200,281,163,188])
In [115]:   np.mean(score,axis=0)      #计算每门学科的平均分
Out[115]:   array([79.25,64.5,64.25])
```

还可以使用 numpy.min()函数和 numpy.max()函数计算每门学科的最高分和最低分,同时可通过 numpy.argmin()函数和 numpy.argmax()函数找到获得最高分和最低分的学生。示例代码如下。

```
In [116]:   np.min(score,axis=0)       #计算每门学科的最低分
Out[116]:   array([51,42,51])
In [117]:   np.argmin(score,axis=0)    #每门学科最低分所在的行
Out[117]:   array([2,3,3], dtype=int64)
```

In [118]:	np.max(score,axis=0)	#计算每门学科的最高分
Out[118]:	array([97,98,86])	
In [119]:	np.argmax(score,axis=0)	#每门学科最高分所在的行
Out[119]:	array([1,1,1], dtype=int64)	

使用 numpy.cumsum()函数和 numpy.cumprod()函数计算所有元素的累积和、累积积，并且返回一个 NumPy 数组。示例代码如下。

In [120]:	a=np.array([1,2,3,4,5])
In [121]:	np.cumsum(a)
Out[121]:	array([1,3,6,10,15],dtype=int32)
In [122]:	np.cumprod(a)
Out[122]:	array([1,2,6,24,120],dtype=int32)

8.7.3 快速排序

与 Python 中的内置函数相似，NumPy 数组也可以使用 numpy.sort()函数快速排序。示例代码如下。

In [123]:	arr=np.random.randn(5)
	arr
Out[123]:	array([0.17003759, 0.54099165, -0.64027162, 0.39553619, -1.44397146])
In [124]:	np.sort(a)
Out[124]:	array([-1.44397146, -0.64027162, 0.17003759, 0.39553619, 0.54099165])
In [125]:	arr
Out[125]:	array([0.17003759, 0.54099165, -0.64027162, 0.39553619, -1.44397146])

使用 numpy.sort()函数对 NumPy 数组进行排序，原数组的元素顺序不会改变，而是返回一个由小到大的、重新排好顺序的新数组。同时，numpy.sort()函数也可以使用 axis 参数沿着多维数组的行或列排序，当 axis=None 时，将数组元素展开至一维数组后进行排序。示例代码如下。

In [126]:	arr=np.random.choice(16,(4,4),replace=False)	
	arr	
Out[126]:	array([[9,1,11,6],	
	[5,13,15,2],	
	[14,3,8,7],	
	[0,10,4,12]])	
In [127]:	np.sort(arr,axis=1)	#对每一行进行排序，等同于 np.sort(arr)
Out[127]:	array([[1,6,9,11],	
	[2,5,13,15],	
	[3,7,8,14],	
	[0,4,10,12]])	
In [128]:	np.sort(arr,axis=0)	#对每一列进行排序

```
Out[128]:   array([[ 0,1,4,2],
                   [ 5,3,8,6],
                   [ 9,10,11,7],
                   [14,13,15,12]])
In [129]:   np.sort(arr,axis=None)    #将所有元素展开为一维数组后进行排序
Out[129]:   array([ 0,1,2,3,4,5,6,7,8,9,10,11,12,13,14,15])
```

还可以使用 numpy.argsort()函数获取排序后的 NumPy 数组元素在原 NumPy 数组中的索引位置。示例代码如下。

```
In [130]:   np.argsort(arr)
Out[130]:   array([[1,3,0,2],
                   [3,0,1,2],
                   [1,3,2,0],
                   [0,2,1,3]], dtype=int64)
```

如果需要直接将原 NumPy 数组的元素顺序替换为排序后的顺序，则可以直接使用 sort 方法，但不建议这样操作。在直接使用 sort 方法时，也可以使用 axis 参数沿着多维数组的行或列进行排序。

```
In [131]:   arr=np.random.choice(9,(3,3),replace=False)
            arr
Out[131]:   array([[7,4,0],
                   [1,3,2],
                   [8,5,6]])
In [132]:   arr.sort()   #对每一行进行排序，等同于 arr.sort(1)
            arr
Out[132]:   array([[0,4,7],
                   [1,2,3],
                   [5,6,8]])
```

在 sort(axis)方法中，当 axis=1 时（默认情况下），按行进行排序；当 axis=0 时，按列进行排序。

8.7.4 唯一值与其他集合逻辑

在 NumPy 库中的一维数组都可以看作一个集合。NumPy 库中常见的集合函数如表 8-10 所示。

表 8-10 NumPy 库中常见的集合函数

函数名	描述
numpy.unique(x)	计算 x 的唯一值并排序
numpy.in1d(x, y)	计算 x 中的元素是否包含在 y 中，返回布尔型数组
numpy.intersect1d(x, y)	计算 x 和 y 的交集并排序

续表

函数名	描述
numpy.union1d(x, y)	计算 x 和 y 的并集并排序
numpy.setdiff1d(x, y)	差集，计算在 x 中但不在 y 中的元素并排序
numpy.setxor1d(x, y)	异或集，计算在 x 或 y 中，但不属于 x 和 y 交集的元素并排序

使用集合函数，可以对 NumPy 数组进行集合运算。示例代码如下。

```
In [133]:   arr=np.array([5,5,2,2,3,3,3,4,6])
            np.unique(arr)        #计算数组中的唯一值并排序
Out[133]:   array([2,3,4,5,6])
In [134]:   x=np.array([5,4,3,2,1])
            y=np.array([2,3,9])
In [135]:   np.in1d(x,y)          #计算 x 中的元素是否包含在 y 中
Out[135]:   array([False,False,True,True,False])
In [136]:   np.intersect1d(x,y)   #计算 x 和 y 的交集并排序
Out[136]:   array([2,3])
In [137]:   np.union1d(x,y)       #计算 x 和 y 的并集并排序
Out[137]:   array([1,2,3,4,5,9])
In [138]:   np.setdiff1d(x,y)     #计算 x 和 y 的差集并排序
Out[138]:   array([1,4,5])
In [139]:   np.setxor1d(x,y)      #计算 x 和 y 的异或集并排序
Out[139]:   array([1,4,5,9])
```

8.8 本章小结

本章主要讲解 NumPy（Numerical Python）库的相关应用，可帮助读者快速进行多维数组与矩阵的运算。首先，介绍了 NumPy 数组的生成与基本属性，明确了维度、形状、大小与数据类型；其次，介绍了 NumPy 数组的索引与切片，并且可以通过变形、换轴、拼接、分裂等方式对 NumPy 数组进行重塑。

NumPy 库提供了多种函数与方法，既可以用来处理线性代数的相关问题，也可以通过利用其中的条件函数、聚合函数、排序函数、集合函数等进行有效的数据分析。

第 9 章
时间序列数据

在生活和工作中经常需要做出预测，如预测一只股票的价格走势、预测下一年度的销售额等。研究时间序列的主要目的之一就是进行预测，这种预测主要是根据已有的时间序列数据预测未来的变化。时间序列数据用于描述现象随时间发展变化的特征，其核心是确定已有的时间序列的变化模式，并且假定这种模式会延续到未来。

本章将介绍时间序列的定义及分类、时间序列的描述性分析，以及时间序列的预测方法，并且使用 Python 对时间序列进行处理。

9.1 时间序列的定义及分类

9.1.1 时间序列的定义

时间序列（Time Series）是指由同一现象在不同时间上的相继观察值排列而成的序列。例如，经济数据大多以时间序列的形式展现。根据观察时间的不同，时间序列可以以年度、季度、月度或以其他任何时间单位展现。为便于表述，本章使用 t 表示所观察的时间，使用 Y 表示观察值，则 Y_i（$i=1, 2, \cdots, n$）为在时间 t_i 上的观察值。

9.1.2 时间序列的分类

时间序列可以分为平稳序列和非平稳序列两大类。平稳序列（Stationary Series）是指基本不存在趋势的序列。这类序列中的观察值基本在某个固定的水平上波动，虽然不同时间段的波动程度有所不同，但其波动并不存在某种规律，具有随机性，如图 9-1 所示。

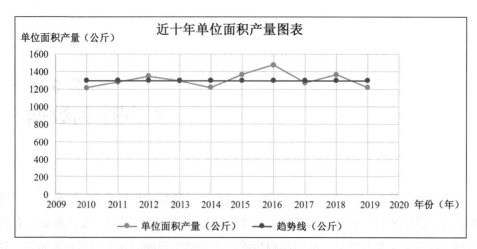

图 9-1 平稳序列

非平稳序列（Non-stationary Series）是指包含趋势的、季节性或周期性的序列，其中可能只含有一种上述成分，也可能含有几种成分。因此，非平稳序列又可以分为有趋势的序列、有趋势和季节性（或周期性）的序列、几种成分混合而成的复合型序列。

趋势（Trend）是时间序列在较长时期内呈现出来的某种持续向上或持续下降的变动，也被称为长期趋势。在时间序列中，趋势可以是线性的，也可以是非线性的。如图 9-2 所示为一种线性趋势的时间序列。

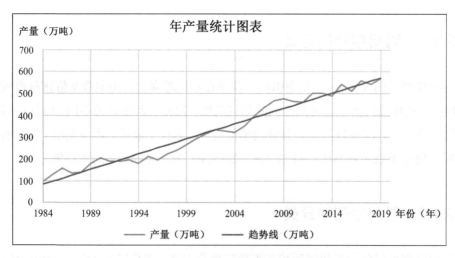

图 9-2 线性趋势的序列

季节性（Seasonality）也被称为季节变动（Seasonal Fluctuation），是指时间序列在一年内重复出现的周期性波动。例如，在商业活动中常听到"销售旺季"或"销售淡季"一类的术语，旅游业也常使用"旅游旺季"或"旅游淡季"一类的术语，这些术语表明活动会因季节的不同而发生变化。当然，季节性中的"季节"是广义的，其不只表示一年中的四季，而是泛指所有的周期性变化。在现实生活中，季节变动是一种极为普遍的现象，是在诸如气候条件、生产条件、节假日或人们的风俗习惯等各种因素作用下产生的结果。例如，农业生产、交通运输、建筑业、旅游业、商品销售及工业生产都具有明显的季节性。

含有季节性成分的时间序列可能具有趋势，也可能不具有趋势。如图9-3所示为只含有季节性成分的序列。

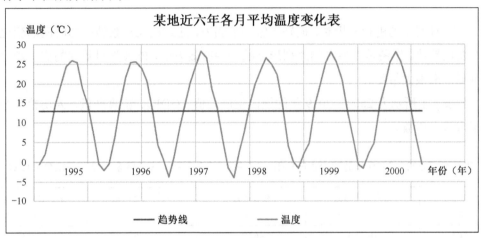

图 9-3　含有季节性成分的序列

周期性（Cyclicity）也被称为循环波动（Cyclical Fluctuation），是指时间序列呈现的围绕长期趋势展开的波浪形或振荡式变动，通常由商业和经济活动引起。不同于趋势，周期性不是朝着单一方向的持续运动，而是涨落相间的交替波动。周期性也不同于季节性，季节性具有比较固定的规律，而且变动周期大多为一年，而周期性则无固定规律，变动周期多在一年以上，而且周期长短不一。

此外，有些偶然性因素也会对时间序列产生影响，使时间序列呈现出某种随机波动。在时间序列中，除趋势、周期性和季节性以外的偶然性波动被称为随机性（Random），又被称不规则波动（Irregular Variations）。前面提到的图9-1和图9-2都有明显的随机波动。

时间序列也可以将平稳序列和非平稳序列两大类按成分划分为随机性或不规则波动（I）、趋势（T）、季节性或季节变动（S）、周期性或循环波动（C）。在分析传统时间序列时的一项主要内容就是将这些成分从时间序列中分离出来，并且通过一定的数学关系式表达各成分之间的关系，而后再分别对其进行分析。根据4种成分对时间序列带来的不同影响，可将时间序列分解为多种模型，如加法模型（Additive Model）、乘法模型（Multiplicative Model）等。其中，较为常用的是乘法模型，其表现形式是：

$$Y_t = I_t \times T_t \times S_t \times C_t \tag{9-1}$$

需要说明的是，本章介绍的时间序列分解方法均以乘法模型为基础。

9.2 时间序列的描述性分析

9.2.1 图形描述

在对时间序列进行分析时，最好先做一个图表，通过图表观察数据随时间的变化模式及变化趋势。作图是观察时间序列形态的一种有效方法，能够为对数据的进一步分析和预测带来很大帮助。

如表 9-1 所示为 2000—2019 年的国内生产总值（GDP）、粮食产量、人均粮食产量和年末总人口数。

表 9-1 2000—2019 年的国内生产总值（GDP）、粮食产量、人均粮食产量和年末总人口数

年份（年）	国内生产总值 GDP（亿元）	粮食产量（万吨）	人均粮食产量（公斤）	年末总人口数（万人）
2000	100280	46218	366	126743
2001	110863	45264	356	127627
2002	121717	45706	357	128453
2003	137422	43070	334	129227
2004	161840	46947	362	129988
2005	187319	48402	371	130756
2006	219439	49804	380	131448
2007	270092	50414	383	132129
2008	319245	53434	403	132802
2009	348518	53941	405	133450
2010	412119	55911	418	134091
2011	487940	58849	438	134735
2012	538580	61223	452	135404
2013	592963	63048	462	136072
2014	643563	63965	466	136782
2015	688858	66060	479	137462
2016	746395	66044	476	138271
2017	832036	66161	474	139008
2018	919281	65789	469	139538
2019	990865	66384	472	140005

资料来源：国家统计局。

4 个序列对应的图形变化如图 9-4 所示。

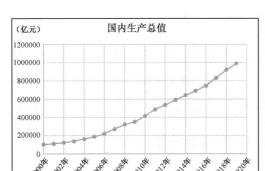
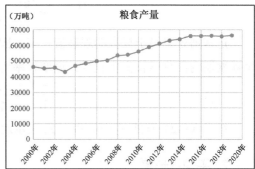
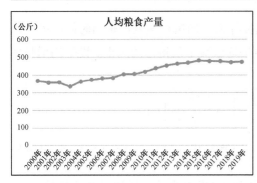
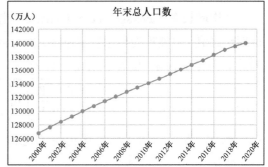

图 9-4　4 个序列的图形变化

从图 9-4 的 4 个图形中可以看出，国内生产总值序列和年末总人口数序列呈现出一定的线性趋势，粮食产量序列和人均粮食产量序列呈现出一定的随机波动。对图形进行观察和分析有助于对其进行进一步描述，为选择预测模型提供基本依据。

9.2.2　增长率分析

增长率一词常常出现在经济报道中，用于描述某一现象在不同时间的变化情况。由于对比的基期不同，增长率存在多种计算方法。本节主要介绍增长率和平均增长率的计算方法。

1. 增长率

增长率（Growth Rate）也被称为增长速度，是由时间序列中的报告期观察值与基期观察值之比减 1 后得出的结果，用百分比（%）表示。增长率分为环比增长率和定基增长率。环比增长率等于报告期观察值与前一时期观察值之比减 1，用来说明现象逐期增长变化的程度。设增长率为 G，则环比增长率可表示为：

$$G_i = \frac{Y_i - Y_{i-1}}{Y_{i-1}} = \frac{Y_i}{Y_{i-1}} - 1, \quad i = 1, 2, \cdots, n \tag{9-2}$$

定基增长率等于报告期观察值与某一固定时期观察值之比减 1，用来说明现象在整个观察期内的总增长变化程度。设增长率为 G，则环比增长率和定基增长率可表示为：

$$G_i = \frac{Y_i - Y_0}{Y_0} = \frac{Y_i}{Y_0} - 1, \quad i = 1, 2, \cdots, n \tag{9-3}$$

在式（9-2）与式（9-3）中，Y_0 表示对比的固定基期的观察值。

2. 平均增长率

平均增长率（average rate of increase）也被称为平均增长速度，是由时间序列中的逐期环比值（也被称为环比发展速度）的几何平均数减 1 后得出的结果。设平均增长率为 $\overline{G}$，总期数为 n，则 $\overline{G}$ 的计算公式为：

$$\overline{G} = \sqrt[n]{\left(\frac{Y_1}{Y_0}\right)\left(\frac{Y_2}{Y_1}\right)\cdots\left(\frac{Y_n}{Y_{n-1}}\right)} - 1 = \sqrt[n]{\frac{Y_n}{Y_0}} - 1 \tag{9-4}$$

例如，根据表 9-1 中的国内生产总值可计算得出，2000—2019 年的平均增长率 $= \sqrt[n]{\frac{Y_n}{Y_0}} - 1 = \sqrt[19]{\frac{990865}{100280}} - 1 \approx 12.81\%$，2020 年 GDP 预测值 = 2019 年的 GDP × （1+年平均增长率）≈ 1117794.8（亿元）。

3. 使用增长率进行分析时应注意的问题

大多数时间序列，特别是有关社会经济现象的时间序列，常常使用增长率来描述其增长状况。尽管增长率的计算与分析都较为简单，但在实际应用中，有时也会出现误用乃至滥用的情况，因此在使用增长率分析实际问题时应注意以下 2 点。

（1）当时间序列中的观察值为 0 或负数时，不宜计算增长率。

（2）在某些情况下，不能单纯以增长率的值来评判增长效果，要注意结合分析增长率与绝对水平。

9.3 时间序列的预测

进行时间序列分析的一个主要目的就是根据已有历史数据对未来进行预测。通过学习前面的内容可知，时间序列含有不同的成分，如趋势、季节性、周期性或循环波动、随机性或不规则波动等。一个具体的时间序列可能只有一种成分，也可能同时含有多种成分。对于含有不同成分的时间序列，需要采取不同的预测方法。在对时间序列进行预测时，通常需要进行以下 4 个步骤。

第 1 步：确定时间序列所包含的成分，即确定时间序列的类型。
第 2 步：找出适合此类时间序列的预测方法。
第 3 步：对可用的预测方法进行评估，确定最佳预测方案。
第 4 步：使用最佳预测方案进行预测。

9.3.1 确定时间序列成分

1. 确定趋势成分

若想确定时间序列中是否存在趋势成分，一种方法是通过绘制时间序列的线图。例如，观察图 9-4 中的国内生产总值等时间序列图即可知趋势存在，并且是线性的。

另一种方法是通过回归分析拟合一条趋势线，然后对回归系数进行显著性检验。如果回归系数显著，就可以得出线性趋势显著的结论。回归属于统计学的范畴，本章不再赘述。

2. 确定季节性成分

若想确定在时间序列中是否存在季节性成分，则需要分析至少 2 年的数据，而且数据需按季度、月度、周或天等形式记录。也可以通过绘制时间序列的线图确定季节性成分，但需要绘制一种特殊的时间序列图，即年度折叠时间序列图（Folded Annual Time Series Plot）。在绘制该图时，需要将每年的数据分开画在图上，即横轴只展现一年的长度，每年的数据通过纵轴分别展示。如果时间序列只含有季节性成分，那么年度折叠时间序列图中的折线将会出现交叉；如果时间序列既含有季节性成分又含有趋势成分，那么年度折叠时间序列图中的折线不会出现交叉。同时，如果趋势是上升的，后一年度的折线将会高于前一年度的折线；如果趋势是下降的，后一年度的折线将会低于前一年度的折线。如表 9-2 所示为某冷饮生产企业各季度销量，根据表中的数据可绘制出如图 9-5 所示的年度折叠时间序列图，并判断其销量是否存在季节性。

表 9-2 某冷饮生产企业各季度销量（单位：万箱）

年份	第一季度	第二季度	第三季度	第四季度
2014 年	30	37	42	31
2015 年	35	43	47	35
2016 年	34	44	55	40

续表

年份	第一季度	第二季度	第三季度	第四季度
2017年	35	39	51	42
2018年	34	47	60	43
2019年	36	48	59	46

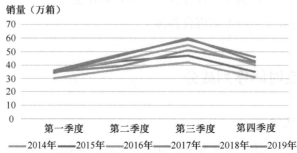

图 9-5 年度折叠时间序列图

从图 9-5 中可以看出，后一年度的折线高于前一年度的折线，年度折线之间无明显交叉，说明在此冷饮生产企业的销量数据中既有季节性成分，也存在上升趋势。

9.3.2 选择预测方法

在确定了时间序列的类型后，就进行时间序列预测的第 2 步，即选择适当的预测方法。在利用时间序列数据进行预测时，通常假设过去的变化趋势会延续到未来，这样就可以根据已有的形态或模式进行预测。时间序列的预测方法既有传统方法，如简单平均法、移动平均法、指数平滑法等，也有较为精准的现代方法，如 Box-Jenkins 的自回归模型（ARMA）。

一般来说，任何时间序列都存在不规则的成分。商务与管理数据通常不考虑周期性，所以只剩下趋势成分和季节性成分。本节介绍的预测方法主要是针对平稳序列、含有趋势成分或季节性成分的时间序列。如图 9-6 所示为时间序列的类型和可供选择的预测方法导图。

不含趋势成分和季节性成分的时间序列就是平稳时间序列，这类序列只含有随机性成分，通过平滑就可以消除随机波动，因此，这类预测方法也被称为平滑预测法。该预测方法将在后面重点介绍。

如果想要预测只含有趋势成分的时间序列，那么可以使用趋势预测法；如果想要预测既含有趋势成分又含有季节性成分的时间序列，那么可以使用季节性预测法，此类方法同样适用于既含有季节性成分又含有随机性成分的时间序列。

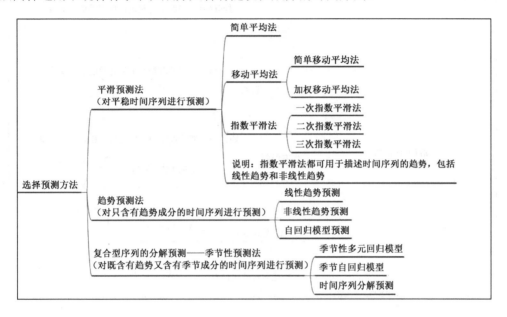

图 9-6　时间序列的类型和可供选择的预测方法导图

9.3.3　预测方法评估

在选择某种特定方法进行预测时，首先要对该方法的预测效果或准确性进行评估，评估的方式是找出预测值与实际值的差值，这个差值就是预测误差。最优预测方法就是预测误差最小的方法。

预测误差的计算方法有很多种，包括平均误差、平均绝对误差、均方误差、平均百分比误差和平均绝对百分比误差等。具体选择哪种方法取决于预测者的目标，以及对方法的熟悉程度等。如图 9-7 所示为时间序列预测方法的评估导图。

1. 平均误差

设时间序列的第 i 个观察值为 Y_i，预测值为 F_i，则所有预测误差 $(Y_i - F_i)$ 的平均数就是平均误差（Mean Error），用 ME 表示，其计算公式为：

$$\text{ME} = \frac{\sum_{i=1}^{n}(Y_i - F_i)}{n} \tag{9-5}$$

其中，n 为预测值的个数。

由于预测误差的数值可能有正有负，求和的结果就会相互抵消，在这种情况下，平均误差可能会低于实际预测误差。

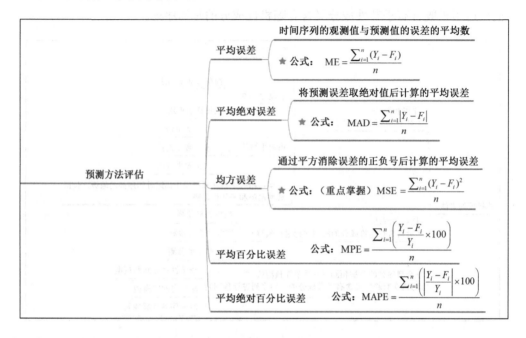

图 9-7　时间序列预测方法的评估导图

2. 平均绝对误差

平均绝对误差（Mean Absolute Deviation）是在将预测误差取绝对值后计算得出的平均误差，用 MAD 表示，其计算公式为：

$$\text{MAD} = \frac{\sum_{i=1}^{n} |Y_i - F_i|}{n} \tag{9-6}$$

平均绝对误差可以避免误差相互抵消的问题，因而可以准确反映出实际预测误差的大小。

3. 均方误差

均方误差（Mean Square Error）是在通过平方消除误差的正负号后计算得出的平均误差，用 MSE 表示，其计算公式为：

$$\text{MSE} = \frac{\sum_{i=1}^{n} (Y_i - F_i)^2}{n} \tag{9-7}$$

4. 平均百分比误差和平均绝对百分比误差

上述 3 种方法所得出的结果受时间序列的数据水平和计量单位的影响，有时并不能真正反映预测方法的好坏,只有在比较不同方法对同一数据的预测结果时才有意义。而平均百分比误差(Mean Percentage Error)和平均绝对百分比误差(Mean Absolute Percentage Error)则有所不同,它们消除了时间序列数据的水平和计量单位的影响,可反映出误差大小的相对值。

平均百分比误差用 MPE 表示,其计算公式为:

$$\text{MPE} = \frac{\sum_{i=1}^{n}\left(\frac{Y_i - F_i}{Y_i} \times 100\right)}{n} \tag{9-8}$$

平均绝对百分比误差用 MAPE 表示,其计算公式为:

$$\text{MAPE} = \frac{\sum_{i=1}^{n}\left(\left|\frac{Y_i - F_i}{Y_i}\right| \times 100\right)}{n} \tag{9-9}$$

对于以上预测误差的计算方法哪种最优,目前尚未达成一致的看法。接下来的讲解将采用均方误差(MSE)来评价预测方法的优劣。

9.4 平稳时间序列的预测

平稳时间序列通常只含有随机性成分,其预测方法主要为简单平均法、移动平均法、指数平滑法等。这些方法主要通过对时间序列进行平滑来消除其随机性波动,因而也被称为平滑法。平滑法既可用于对平稳时间序列进行短期预测,也可以通过对时间序列进行平滑来描述序列的趋势(包括线性趋势和非线性趋势)。

9.4.1 简单平均法

简单平均法是指根据过去已有的 t 期观察值,通过简单平均的方式,预测下一期的数值。假设时间序列已有的 t 期观察值为 $Y_1, Y_2 \cdots, Y_t$,则 $t+1$ 期的预测值 F_{t+1} 的计算公式为:

$$F_{t+1} = \frac{1}{t}(Y_1 + Y_2 + \cdots + Y_t) = \frac{1}{t}\sum_{i=1}^{t} Y_i \tag{9-10}$$

进入 $t+1$ 期后,根据 $t+1$ 期的实际值,便可计算出 $t+1$ 期的预测误差 e_{t+1} 为:

$$e_{t+1} = Y_{t+1} - F_{t+1} \tag{9-11}$$

F_{t+2} 期的预测值为:

$$F_{t+2} = \frac{1}{t+1}(Y_1+Y_2+\cdots+Y_t+Y_{t+1}) = \frac{1}{t+1}\sum_{i=1}^{t+1} Y_i \qquad (9\text{-}12)$$

以此类推。

简单平均法适合对较为平稳的时间序列进行预测，即当时间序列不存在趋势时，使用该方法最为恰当。如果时间序列存在趋势成分或季节性成分，该方法的预测就不太准确了。此外，简单平均法认为远期的数值和近期的数值对未来同等重要。但从预测的角度来看，近期的数值比远期的数值能够对未来产生更大的作用，因此简单平均法预测的结果不够准确。

9.4.2 移动平均法

移动平均法（Moving Average）是将通过对时间序列逐期递移求得的平均数作为预测值的预测方法，包括简单移动平均法（Simple Moving Average）和加权移动平均法（Weighted Moving Average）。本节主要介绍简单移动平均法。

简单移动平均法是将最近的 k 期数据加以平均，作为下一期的预测值。假设移动间隔为 k（$1<k<t$），则 t 期的移动平均值为：

$$\overline{Y}_t = \frac{Y_{t-k+1}+Y_{t-k+2}+\cdots+Y_{t-1}+Y_t}{k} \qquad (9\text{-}13)$$

式（9-13）是在对时间序列进行平滑后得出的，根据这些平滑值可以描述时间序列的变化形态或趋势。当然，也可以用其进行预测。

$t+1$ 期的简单移动平均预测值 F_{t+1} 为：

$$F_{t+1} = \overline{Y}_t = \frac{Y_{t-k+1}+Y_{t-k+2}+\cdots+Y_{t-1}+Y_t}{k} \qquad (9\text{-}14)$$

同样，$t+2$ 期的预测值 F_{t+2} 为：

$$F_{t+2} = \overline{Y}_{t+1} = \frac{Y_{t-k+2}+Y_{t-k+3}+\cdots+Y_t+Y_{t+1}}{k} \qquad (9\text{-}15)$$

以此类推。

移动平均法只使用最近 k 期的数据，每次计算移动平均值时，移动间隔的长度均为 k。该方法主要适合预测较为平稳的时间序列。使用移动平均法的关键是确定合理的移动间隔长度 k，因为即便是同一个时间序列，移动间隔长度不同，预测的准确性也不同。在确定移动间隔长度时，可通过试验找到一个使均方误差达到最小的移动间隔长度，并且使用其进行预测。

9.4.3 指数平滑法

指数平滑法（Exponential Smoothing）是通过对过去的观察值加权平均进行预测的方法，该方法使 $t+1$ 期的预测值等于 t 期的实际观察值与 t 期的预测值的加权平均值。指数平滑法是加权平均的一种特殊形式，观察值的时间越久，其权数也随之出现指数下降。指数平滑法包括一次指数平滑法、二次指数平滑法、三次指数平滑法等，本节主要介绍一次指数平滑法。

一次指数平滑法也被称为单一指数平滑法（Single Exponential Smoothing），其只有一个平滑系数，观察值距离预测时期越久远，权数越小。一次指数平滑法以某段时期的预测值与观察值的线性组合作为 $t+1$ 期的预测值，其预测模型为：

$$F_{t+1} = \alpha Y_t + (1-\alpha) F_t \tag{9-16}$$

其中，Y_t 为 t 期的实际观察值，F_t 为 t 期的预测值，α 为平滑系数（$0 < \alpha < 1$）。

由式（9-16）可以看出，$t+1$ 期的预测值是 t 期的实际观察值与 t 期的预测值的加权平均。由于在开始计算时，还没有得到第 1 期的预测值 F_1，所以通常会假设 F_1 等于第 1 期的实际观察值，即 $F_1 = Y_1$。因此，第 2 期的预测值为：

$$F_2 = \alpha Y_1 + (1-\alpha) F_1 = \alpha Y_1 + (1-\alpha) Y_1 = Y_1 \tag{9-17}$$

第 3 期的预测值为：

$$F_3 = \alpha Y_2 + (1-\alpha) F_2 = \alpha Y_2 + (1-\alpha) Y_1 \tag{9-18}$$

第 4 期的预测值为：

$$F_4 = \alpha Y_3 + (1-\alpha) F_3 = \alpha Y_3 + \alpha(1-\alpha) Y_2 + (1-\alpha)^2 Y_1 \tag{9-19}$$

以此类推。

可见，任何预测值 F_{t+1} 都是通过对以前所有实际观察值的加权平均得出的结果。但并非所有过往观察值都需要保留，用以计算下一时期的预测值。实际上，在将平滑系数 α 设定好后，只需要知道 t 期的实际观察值 Y_t 与 t 期的预测值 F_t，就可以计算 $t+1$ 期的预测值。

指数平滑法的预测精度同样可使用均方误差衡量。其计算公式为：

$$F_{t+1} = \alpha Y_t + (1-\alpha) F_t = \alpha Y_t + F_t - \alpha F_t = F_t + \alpha(Y_t - F_t) \tag{9-20}$$

可见，F_{t+1} 就是 t 期的预测值 F_t 加上用 α 调整的 t 期的预测误差 $(Y_t - F_t)$。

使用指数平滑法的关键是确定一个合适的平滑系数 α，不同的 α 会对预测结果产生不同的影响。例如，当 $\alpha = 0$ 时，预测值只是重复上一期的预测结果；当 $\alpha = 1$ 时，预测值就是上一期的实际值。α 越接近 1，模型对时间序列变化的反应就越及时，因为其为当前的实际值赋予了比预测值更大的权数。同样，α 越接近 0，则意味着其为当前的预测值赋予了更大的权数，模型对时间序列变化的反应就越慢。一般来说，若时间序列具有较大的随机性波动，则宜选较大的 α，以便能较快跟上近期的变化；而若时间序列比较平稳，则宜选小的 α。但在实际应用中，还应考虑预测误差的影响。此处仍使用均方误差来衡量预测误差的大小，在确定 α 时，可同时选择几个 α 进行预测，从中找出预测误差最小的一个作为最终的 α 值。

此外，与移动平均法相同，一次指数平滑法也适用于对时间序列进行修匀，以消除随机波动，找出时间序列的变化趋势。

9.5 趋势型和复合型时间序列的预测

前面介绍的平滑法均适用于描述时间序列的趋势，包括线性趋势和非线性趋势。当使用这些方法进行预测时，需要注意它们一般只适合平稳时间序列，当序列存在明显的趋势成分或季节性成分时，这些方法就不再适用。接下来将介绍适用于趋势型和复合型时间序列的预测方法。

时间序列的趋势可以分为线性趋势和非线性趋势两大类，如果这种趋势能够延续到未来，就可以利用趋势进行外推预测。趋势型时间序列的预测方法主要包括线性趋势预测、非线性趋势预测和自回归模型预测等。本节主要介绍线性趋势的预测方法，非线性趋势的预测方法、自回归模型预测方法和复合型时间序列的分解预测方法不做重点讲解，读者可以自行参考相关的统计学书籍。

9.5.1 线性趋势预测

线性趋势（Liner Trend）是指现象随着时间的推移而呈现出稳定增长或稳定下降的线性变化规律。例如，图 9-4 中的年末总人口数序列图就具有明显的线性趋势，如果这种趋势能够延续到未来，那么就可以用来预测未来人口总数。

当现象的发展呈现出线性趋势变化时，可以用以下线性趋势方程进行描述：

$$\hat{Y}_t = b_0 + b_1 t \tag{9-21}$$

其中，$\hat{Y}_t$ 表示时间序列的预测值；t 表示时间标号；b_0 表示趋势线在 Y 轴上的截距，即当 $t=0$ 时，$\hat{Y}_t$ 的数值；b_1 是趋势线的斜率，表示时间 t 变动 1 个单位时观察值的平均变动数量。

在趋势方程中的 2 个待定系数 b_0 和 b_1 通常可使用回归中的最小二乘法求出，其计算公式为：

$$b_1 = \frac{n\sum tY - \sum t \sum Y}{n\sum t^2 - (\sum t)^2} \tag{9-22}$$

$$b_0 = \overline{Y} - b_1 \overline{t} \tag{9-23}$$

以表 9-1 中的 2019 年年末总人口数为例，计算得出各年年末人口数据 $\sum Y$ 为 2673991，共 20 年数据，则 $\sum t$ 为 210，$\sum tY$ 为 28537902，$\sum t^2$ 为 2870，用最小二乘法可以求得趋势方程的待定系数 b_1 为 693.23，b_0 为 126420.658，并且确定直线方程为：

$$\hat{Y}_t = 126420.658 + 693.23t \tag{9-24}$$

将 $t=21$ 代入式（9-24）可得出 2020 年年末人口预测值为 140978.442 万人。同样的方法也适用于预测 2020 年国内生产总值。

9.5.2 非线性趋势预测

序列中的趋势通常是由某种固定因素作用于同一方向所形成的。若这些因素随着时间的推移呈现出线性趋势，则可以针对时间序列拟合趋势直线；若呈现出某种非线性趋势（Non-liner Trend），则需要拟合适当的趋势曲线。常用的有以下 4 种。

1. 指数曲线

指数曲线（Exponential Curve）用于描述以几何数递增或递减的现象，即时间序列的观察值 Y_t 按指数规律变化，或者时间序列的逐期观察值遵循一定的增长率增长或衰减。

指数曲线在描述时间序列的趋势形态时，比一般的趋势直线有着更广泛的应用。其可以用于反映现象的相对发展和变化程度，因而可以用于比较不同序列的指数曲线，以分析各曲线的相对增长程度。

2. 修正指数曲线

在一般指数曲线的基础上增加一个常数 K，即为修正指数曲线（Moditied Exponential Curve）。修正指数曲线常用于描述这样一类现象：初期增长迅速，随后增长率逐渐降低，最终以 K 为增长极限。

3. Gompertz 曲线

Gompertz 曲线是以英国统计学家和数学家 B. Gompertz 的名字命名的。

Gompertz 曲线所描述的现象的特点是：初期增长缓慢，随后逐渐加快，当达到一定程度后，增长率又逐渐下降，最后接近一条水平线。该曲线的两端都有渐近线，其上渐近线为 $Y=K$，下渐近线为 $Y=0$。Gompertz 曲线常用于描述事物发展由萌芽、成长到饱和的周期过程。在现实中存在很多符合 Gompertz 曲线的现象，如工业生产数量的增长、产品的寿命周期、一定时期内的人口增长等，因此，该曲线也被广泛应用于现象的趋势变动研究。

4. 多阶曲线

有些现象的变化较为复杂，并不按照某种固定的形态变化，而是有升有降，在变化过程中可能存在多个拐点。这时就需要拟合多项式函数。当只有 1 个拐点时，可以拟合二阶曲线，即抛物线；当出现 2 个拐点时，需要拟合三阶曲线；当有 $k-1$ 个拐点时，需要拟合 k 阶曲线。

9.5.3 复合型时间序列的分解预测

复合型序列是指含有趋势、季节性、周期性和随机性成分的序列。对这类序列进行预测时，通常要先将时间序列的各成分依次分解出来，然后再进行预测。周期性成分的分析需要使用多年的数据，而这在实际中很难获得，因此，可使用分解模型：

$$Y_t = T_t \times S_t \times I_t Y_t \tag{9-25}$$

这一模型表示该时间序列中含有趋势成分（T）、季节性成分（S）和随机性成分（I）。对这类序列进行预测的方法主要包括季节性多元回归模型、季节自回归模型和时间序列分解预测等。分解预测通常按下面的步骤进行。

（1）确定并分离季节性成分。通过计算季节指数确定时间序列中的季节性成分，然后将季节性成分从时间序列中分离出来，即使用每一个时间序列观测值除以相应的季节性指数，以消除季节性。

（2）建立预测模型并进行预测。针对消除了季节性成分的时间序列，建立适当的预测模型，并且使用模型进行预测。

（3）计算预测值。使用预测值乘以相应的季节性指数，得出最终的预测值。

9.6 使用 Python 处理时间序列数据

前面已经介绍了 Python 的基础知识，以及时间序列的基础知识，接下来主要介绍如何使用 Python 进行时间序列数据分析。下面的程序会用到 Pandas 库、NumPy 库、Matplotlib.pyplot 库，使用之前要先将其导入，一个程序只导入一次即可。

```
import pandas as pd
import numpy as np
import matplotlib.pyplot as plt
```

为了方便书写引用库，以上代码使用 as 分别对其进行命名，其中，pd 代表 Pandas 库，np 代表 NumPy 库，plt 代表 matplotlib.pyplot 库。

9.6.1　时间序列数据处理工具的选择

对时间序列进行描述、预测分析时，可以使用 Excel 表格处理工具和 Python 编程。有人认为，Excel 表格处理工具几乎可以实现所有的操作，为什么还要学习 Python 编程呢？主要有以下 3 个原因。

（1）在处理大数据时，Python 的效率远高于 Excel。

（2）Python 可以轻松实现自动化。

（3）Python 可用来做算法模型。

Python 虽然是一门编程语言，但其在数据分析领域实现的功能和 Excel 的基本相同。Excel 大家比较熟悉且容易上手，本节不再详细介绍，只介绍如何使用 Python 实现简单时间序列数据的图形描述、计算等。

9.6.2　时间序列数据的导入

使用 Python 进行时间序列数据分析，在编写代码前需要先导入数据。根据不同的文件格式选择不同的代码。

```
#导入.txt 文件
data=pd.read_table(filepath+"data.txt",encoding="gbk")
#导入.xlsx 文件
data=pd.read_excel(filepath+"data.xlsx",encoding="gbk")
#导入.csv 文件
data=pd.read_csv(filepath+"data.csv",encoding="gbk")
```

其中，.txt 为文本文件，.xlsx 为 Excel 表格文件，.csv 文件通常以纯文本的形式储存，以行为单位，每行有多项数据，每项数据用逗号分隔。用户可以使用 Excel 软件或系统自带的记事本、写字板打开.csv 文件。因为.csv 文件的存储方式非常简单，可以有效减少存储信息的容量，所以经常被用于进行不同程序之间的数据交换。

9.6.3 时间序列数据预处理

在拿到数据后，首要先对数据一次预处理，将不规整的缺失数据、重复数据、异常值处理掉。

1. 缺失数据处理

若某一指标的数据缺失比例高于 30%，则需要放弃这个指标，即将数据做删除处理。而对于数据缺失比例低于 30%的指标，一般做填充处理，即使用 0、均值或众数进行填充。

在 Python 中，直接调用 info()方法即可返回每一列的缺失情况。使用 isnull()方法判断哪个值是缺失值，如果是缺失值，就返回 True；如果不是缺失值，就返回 False。使用 dropna()方法默认删除含有缺失数据的行，也就是说，只要某行存在缺失数据，就将这行整行删除。如果想要删除空白行，只需要为 dropna()方法传入一个参数 how = "all"。

在 Python 中，可以使用 fillna()方法对数据表中的所有缺失数据进行填充，只需在 fillna()方法的参数中输入要填充的值即可。当然，也可以按列进行填充，只要在 fillna()方法的参数中指明列名即可，例如，fillna({"性别": "男","年龄": 30})，将性别列的缺失数据填充为"男"，年龄列的缺失数据填充为 30。

2. 重复数据处理

重复数据就是存在很多条相同的数据，对于这样的数据，一般做删除处理。在 Python 中，可以使用 drop_duplicates()方法默认对所有字段进行重复值判断，同时默认保留第一个（行）值。同样，也可以只针对某列或某几列进行重复值删除的判断，只需在 drop_duplicates()方法中指明要判断的列名即可，例如，drop_duplicates (subset="列名")。

3. 异常值的检测与处理

异常值是指相比正常数据而言过高或过低的数据。例如，一个人的年龄是 0 岁或 200 岁，就是异常值。如果要处理异常值，首先要通过检测发现异常值，如根据业务经验划定不同指标的正常范围，超过该范围的值即为异常值。然后，通过绘制箱形图，把大于（小于）箱形图上边缘（或下边缘）的点记为异常值。如果数据服从正态分布，那么可以使用 3α 原则，即当一个数值与平均值之间的偏差超过 3 倍标准差时，就认为这个值是异常值。对异常值的处理包括删除、将其作为缺失值进行填充、将其判定为特殊情况并分析原因等。

9.6.4　时间序列数据处理

前面介绍了时间序列的描述性分析、预测等相关知识，接下来介绍如何使用 Python 为时间序列数据绘制折线图及进行预测。

1．绘制折线图

折线图常用于表示随着某指数时间推移的变化趋势，在 Python 中可使用 Matplotlib.pyplot 库的 plot()方法实现。

如图 9-8 所示为某公司 2009—2019 年净利润。

	A	B
1	某公司2009—2019年净利润	
2	年份（年）	净利润（万元）
3	2009	309
4	2010	349
5	2011	379
6	2012	442
7	2013	534
8	2014	576
9	2015	702
10	2016	768
11	2017	983
12	2018	1087
13	2019	1156

图 9-8　某公司 2009—2019 年净利润

使用 Python 绘制时间序列图表并描述其形态，示例代码如下。

```
#导入相关库
import pandas as pd
import matplotlib.pyplot as plt
import numpy as np
#设置 plt 参数
plt.rcParams["font.sans-serif"]=["SimHei"]
#导入表格数据
df = pd.read_excel ("test1.xls",encoding="gbk",header=0)
#指明 x 和 y 的值
x = df[df.columns[0]]
y = df[df.columns[1]]
#绘图　marker 表示折线图中每点的标记物形状, 'o'为圆点
plt.plot(x,y,linestyle="dotted",linewidth=1,marker='o',markersize=5,label="净利润万元")
#添加数据标签
```

```
xx=np.array([0,1,2,3,4,5,6,7,8,9,10])
for a,b in zip(xx,y):
    plt.text(a,b,b,ha='center',va='bottom',fontsize=10)

plt.grid(True)                #设置网格线
plt.ylabel("万元")             #设置纵轴标签

plt.title("某公司 2009—2019 年净利润折线图")    #设置折线图标题
plt.legend()                  #设置图例，调用 plt 中的 label 值
plt.savefig("d:/plot.jpg")    #保存图表到本地
plt.show()                    #输出图表
```

输出的净利润折线图如图 9-9 所示。

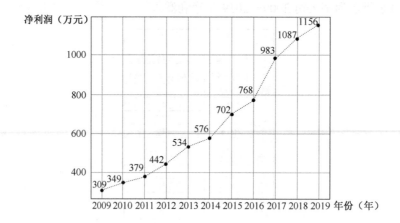

图 9-9　某公司 2009—2019 年净利润折线图

2. 时间函数

时间序列数据对很多领域来说都是重要的结构化形式，如金融、经济、神经学和物理学等。在多个时间点形成时间序列，有的固定时间频率，有的不固定时间频率。至于如何引用时间序列，则可以根据实际案例要求编写不同代码。Python 标准库中包含了可用来处理日期和时间数据的模块，如 datetime、time、calendar 模块等。时间函数的使用请参考 Python 的相关手册。

在 Pandas 库中，基础时间序列种类由时间戳（具体日期或时间）索引的 Series 表示；而在 Pandas 库的外部，则通常表示为 Python 字符串或 datetime 对象。

下面通过两个示例展示时间函数在 Pandas 库中的应用。

一个示例是在 Python 中使用 Pandas 库将给定的日期转换为日期列并保存为.csv 文件。

```
import pandas as pd
import numpy as np
from datetime import datetime                    #导入 datetime 模块
dates=[datetime(2020,1,1),datetime(2020,5,1),datetime(2020,7,1),datetime(2020,8,1),datetime(2020,1
0,1)]                                            #定义日期列表
ts=pd.Series(np.arange(1,6),index=dates)         #在 Pandas 库中得到日期列
ts.to_csv("d:/test2.csv",encoding="utf-8-sig")   #保存时间序列
print(ts)
```

可以得到如下数据。

```
2020-01-01    1
2020-05-01    2
2020-07-01    3
2020-08-01    4
2020-10-01    5
dtype:int32
```

pandas.date_range 可根据特定的频率生成指定长度的 DatetimeIndex，其在默认情况下生成的是时间序列截图。

另一个示例是使用 Python 生成“2020-8-1”至“2020-8-31”的时间序列截图，并在 Pandas 库中得到日期列，保存为.csv 文件。

```
import pandas as pd
import numpy as np
from datetime import datetime        #导入 datetime 模块
index_d=pd.date_range('2020-8-1','2020-8-31')
print(index_d)
ts=pd.Series(np.arange(1,32),index=index_d)
ts.to_csv("d:/test3.csv",encoding="utf-8-sig")
print(ts)
```

运行后可以得到 test3.csv 文件，2020 年 8 月每日时间序列如图 9-10 所示。

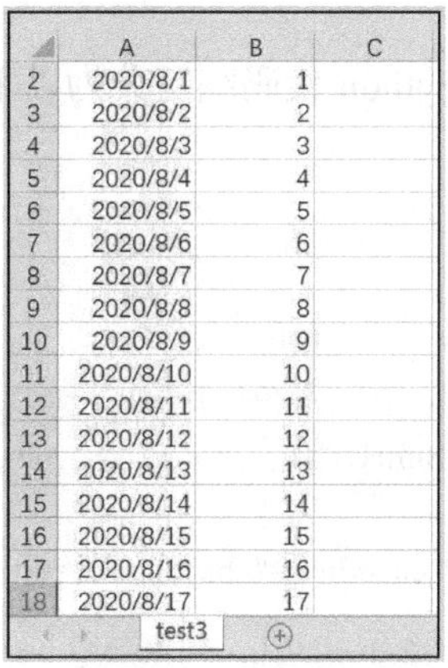

	A	B	C
2	2020/8/1	1	
3	2020/8/2	2	
4	2020/8/3	3	
5	2020/8/4	4	
6	2020/8/5	5	
7	2020/8/6	6	
8	2020/8/7	7	
9	2020/8/8	8	
10	2020/8/9	9	
11	2020/8/10	10	
12	2020/8/11	11	
13	2020/8/12	12	
14	2020/8/13	13	
15	2020/8/14	14	
16	2020/8/15	15	
17	2020/8/16	16	
18	2020/8/17	17	

图 9-10　2020 年 8 月每日时间序列

3. 时间序列数据处理

在对时间序列数据进行处理的过程中，经常需要先将日常流水报表进行进一步处理，在得到要分析的数据后，再进行描述性分析、确定时间序列成分和选择预测方法，最终完成对时间序列数据的分析。

如表 9-3 所示为某五金公司 2019 年全年流水报表，使用 Python 对流水报表进行处理，包括计算各月月销售额、环比增长率，并且进行分析。

表 9-3 某五金公司 2019 年全年流水报表

日期	单号	材料编码	材料名称	数量（个）	单价（元）
2019/1/12	0000011667	D00816	陶瓷保险丝	1300	0.19
2019/1/12	0000011667	D00818	陶瓷保险丝	900	0.19
2019/1/12	0000011671	D0095	电阻	692	0.03
2019/1/12	0000011677	F0847	不锈钢内六角螺钉	1500	0.14
2019/1/13	0000011747	D0824	硅胶管	100	1.92
2019/1/13	0000011752	S0210	光盘	2000	1.45
2019/1/13	0000011752	S0210-1	光盘套	2000	0.85
2019/1/20	0000011965	D0740	硅胶管	141	5.00
2019/1/20	0000011965	D0810	硅胶管	56	14.07
2019/1/20	0000011965	D0820	硅胶管	61	22.81
2019/1/20	0000011965	D0821	硅胶管	400	1.52
2019/1/20	0000011966	F07881	内六角螺钉	1000	0.07
2019/1/20	0000011966	F07901	内六角螺钉	3000	0.07
2019/1/20	0000011966	F0791	内六角螺钉	3500	0.09
2019/1/20	0000011966	F0791-1	内六角螺钉	1000	0.09
2019/1/20	0000011966	F0792	内六角螺钉	1000	0.09
2019/1/20	0000011966	F0793	不锈钢内六角螺钉	3000	0.10

为了便于理解，现将整个 Python 代码编写分为以下 6 个步骤。

步骤 1：导入数据源。

```
import pandas as pd
import matplotlib.pyplot as plt
from datetime import datetime
#设置 plt 参数
plt.rcParams["font.sans-serif"]=["SimHei"]
#导入表格数据
data = pd.read_excel ("test4.xls",encoding="gbk",header=0)
```

步骤 2：定义函数。

```
#定义函数，将其用于计算月销售额
```

```
def get_month_data(datad):
    sale=(datad["数量"]*datad["单价"]).sum()
    return(sale)
```

步骤3：调用函数。

```
#调用函数,将月销售额存入列表 sale
sale=[]    #定义空列表 sale
for i in range(1,13):
    if i==1 or i==3 or i==5 or i==7 or i==8 or i==10 or i==12:
#在截取各月记录后,调用 get_month_data 函数计算月销售总额
        sale.append(get_month_data(data[(data["日期"]>=datetime(2019,i,1)) & (data["日期"]<=datetime(2019,i,31))]))
    elif i==4 or i==6 or i==9 or i==11:
        sale.append(get_month_data(data[(data["日期"]>=datetime(2019,i,1)) & (data["日期"]<=datetime(2019,i,30))]))
    else:
        sale.append(get_month_data(data[(data["日期"]>=datetime(2019,i,1)) & (data["日期"]<=datetime(2019,i,28))]))
```

步骤4：计算环比增长率。

```
#按月销售额计算环比增长率并存入列表 salep
salep=[]
for i in range(12):
    huan=sale[i]/sale[i-1]-1
    salep.append(huan)
```

步骤5：将月销售额和环比增长率一一对应并存入列表。

```
#将月销售额和环比增长率对应值存入列表 index_s
index_s=[]    #定义空列表 index_s
s=[]    #定义空列表 s,将其用于临时存放各月月销售额和环比增长率
for j in range(12):
    s=[]
    s.append(sale[j])
    s.append(salep[j])
    index_s.append(s)
```

步骤6：生成报告表格。

```
#生成报告二维表格
report=pd.DataFrame(index_s,columns=["销售总额",'环比增长率'],index=["1月","2月","3月","4月","5月","6月","7月","8月","9月","10月","11月","12月"])
print(report)
report.to_csv("d:/rep.csv",encoding="utf-8-sig")
```

运行代码后，生成的报告表格如图 9-11 所示。

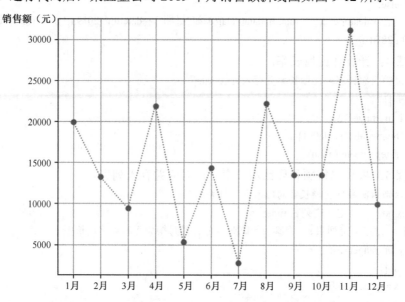

2019年	销售总额	环比增长率
1月	19945.16	100%
2月	13248.3	-34%
3月	9409.62	-29%
4月	21909.38	133%
5月	5299.4	-76%
6月	14341.7	171%
7月	2739.46	-81%
8月	22215.25	711%
9月	13482.07	-39%
10月	13523.77	0%
11月	31127.08	130%
12月	9959.9	-68%

图 9-11　生成的报告表格

也可以尝试使用前面介绍的绘制折线图的方法描述该时间序列，此处不再给出具体程序代码。运行代码后，某五金公司 2019 年月销售额折线图如图 9-12 所示。

图 9-12　某五金公司 2019 年月销售额折线图

通过图 9-12 可以看出，某五金公司的月销售额不含趋势、季节性等成分，其随机性较大。可以对时间序列进行平滑，以消除其随机波动，并且通过指数平滑法进行预测。

下面使用一次指数平滑公式进行预测：

$$F_{t+1} = \alpha Y_t + (1-\alpha)F_t = \alpha Y_t + F_t - \alpha F_t = F_t + \alpha(Y_t - F_t) \qquad (9-26)$$

其中，F_{t+1} 是 $t+1$ 期的预测值，α 是平滑指数。

分别使用 $\alpha = 0.3$ 和 $\alpha = 0.5$ 进行预测，使用均方误差法进行评估。

还是以表 9-3 中某五金公司 2019 年流水报表为例，使用 Python 对某五金公司的月销售额进行预测。使用一次平指数平滑公式（$\alpha = 0.3$ 和 $\alpha = 0.5$）进行预测，使用均方误差法进行评估并将评估结果存入新的数据表中，再进行对比分析，整个过程可通过 6 个步骤实现。

步骤 1：导入数据源。

```
import pandas as pd            #导入 Pandas 库
data = pd.read_csv("rep.csv")  #导入数据源
```

步骤 2：定义各指标列表变量。

```
#取出月销售存入列表 y
y=data[data.columns[1]]
#定义平滑指数 a1 和 a2
a1=0.3
a2=0.5
#定义不同平滑指数的预测值列表 f1 和 f2
f1=[0,y[0]]
f2=[0,y[0]]
#定义不同平滑指数的误差的平方的列表 w1 和 w2
w1=[0,(y[1]-f1[1])**2]
w2=[0,(y[1]-f1[1])**2]
```

步骤 3：计算各月预测值，以及误差的平方。

```
#计算 2019 年每个月的预测值及误差的平方，并存入相应列表
for i in range(2,12):
    f1.append(round(a1*y[i-1]+(1-a1)*f1[i-1],2))
    f2.append(round(a2*y[i-1]+(1-a2)*f2[i-1],2))
    w1.append(round((y[i]-f1[i])**2,2))
    w2.append(round((y[i]-f2[i])**2,2))
```

步骤 4：计算全年在不同平滑指数下的误差平方和，并对 12 月之后的销售额进行预测。

```
#计算全年不同平滑指数下的误差平方和并预测下月的销售额，将其存入列表
w1.append(round(sum(w1)/12,2))
w2.append(round(sum(w2)/12,2))
f1.append(round(a1*y[11]+(1-a1)*f1[11],2))
f2.append(round(a2*y[11]+(1-a2)*f2[11],2))
```

步骤 5：将计算结果存入列表。

```
#定义空列表 list_s，将其用于存放输出报告记录
list_s=[]
for j in range(12):
    s=[]           #定义空列表用于临时存放各月输出记录
```

```
            s.append(y[j])
            s.append(f1[j])
            s.append(w1[j])
            s.append(f2[j])
            s.append(w2[j])
        list_s.append(s)
#追加 list_s 最后一条记录，其中包含下月预测值及误差平方和
s=[]
s.append(0)
s.append(f1[12])
s.append(w1[12])
s.append(f2[12])
s.append(w2[12])
list_s.append(s)
```

步骤6：生成报告存入文件。

```
#生成报告二维表格并保存到表格文件中
print(list_s)
report=pd.DataFrame(list_s,columns=["实际销售总额","平滑指数0.3预测","0.3误差平方","平滑指数0.5预测","0.5误差平方"],index=["1月","2月","3月","4月","5月","6月","7月","8月","9月","10月","11月","12月","下月预测"])
print(report)
report.to_csv("d:/report.csv",encoding="utf-8-sig")
```

运行代码后，某五金公司月销售额通过一次指数平滑法计算出的结果如图9-13所示。

	A	B	C	D	E	F
1		实际销售总额	α=0.3时预测	α=0.3时的误差平方	α=0.5时预测	α=0.5时的误差平方
2	1月	19945.16	0	0	0	0
3	2月	13248.3	19945.16	44847933.86	19945.16	44847933.86
4	3月	9409.62	17936.1	72700861.19	16596.73	51654550.15
5	4月	21909.38	15378.16	42656834.69	13003.18	79320398.44
6	5月	5299.4	17337.53	144916573.9	17456.28	147789731.3
7	6月	14341.7	13726.09	378975.67	11377.84	8784466.1
8	7月	2739.46	13910.77	124798167.1	12859.77	102420674.5
9	8月	22215.25	10559.38	135859305.5	7799.62	207810388.3
10	9月	13482.07	14056.14	329556.36	15007.44	2326753.64
11	10月	13523.77	13883.92	129708.02	14244.76	519826.58
12	11月	31127.08	13775.87	301064488.5	13884.26	297314841.6
13	12月	9959.9	18981.23	81384394.97	22505.67	157396344.9
14	下月预测	0	16274.83	79088899.97	16232.78	91682159.11

图9-13 某五金公司月销售额通过一次指数平滑法计算出的结果

通过图9-13可以看出，当 $\alpha=0.3$ 时，预测的效果较好。使用一次指数平滑法进行预测评估时，均方误差的值越大，该时间序列的随机波动越大。在不同 α 下的预测值与实际值的对比如图9-14所示。

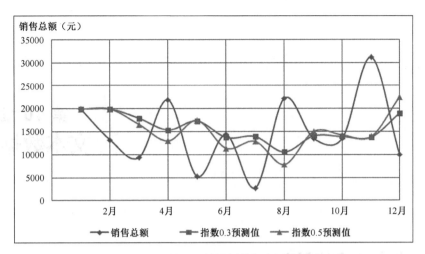

图 9-14　不同 α 下的预测值与实际值对比

9.7　本章小结

本章首先介绍了时间序列的定义及其分类,其次介绍了时间序列的描述性分析及时间序列预测方法,最后介绍了如何使用 Python 对时间序列进行处理。

第 10 章 文本数据

10.1 文本数据的导入

10.1.1 文本数据与自然语言处理

随着社会的不断进步,以及计算机技术和网络技术的不断发展,处理数据成为社会各行各业开展工作的最基本要求。当今社会是一个数据化的社会,社会中所有的组织,无论其从属何种领域,都拥有体量巨大的数据,其中包含大量非结构化文本数据。例如,在各社交软件上的状态更新、评论、标签、文章、博客,以及其他社会媒体信息;各电商平台每天基于新产品信息、用户信息、订单数据、评价反馈等形成的海量文本数据。与此同时,文本分类、情感分析、文摘生成、机器翻译、智能问答等成为人工智能研究和应用的重要方向。

文本数据主要涉及两方面内容。一方面是数据的存储和管理,文本数据一般是非结构化的,与关系型的数据库不同,其可以将数据存储在基于 SQL 的数据库管理系统中。另一方面是数据分析,如果要从文本数据中提取对组织和个人有价值、有意义的模式和有用的观点,就必须借助自然语言处理和专业的技术、变换和算法的帮助。

要想理解文本分析和自然语言处理,首先需要了解是什么造就了语言的"自然性"。简单来说,自然语言是人类基于自然使用和交流而发展演化的语言,而不是计算机编程语言一类的,由人工构造和创建的语言。自然语言处理(NLP)以计算语言学为基础,属于计算机科学与工程和人工智能的一个专业领域,其主要涉及设计和构建能让人与机器使用自然语言进行交互的应用和系统,与人机交互领域联系密切。自然语言处理技术使计算机可以处理和理解人类的语言,并且进一步提供有用的输出。自然语言处理的主要应用如下。

- 机器翻译。
- 语音识别系统。
- 问答系统。
- 语境识别与消解。
- 文本摘要。
- 文本分类。

10.1.2 分词

与英文不同，中文语句的词与词之间不存在明显界限，因此，在进行中文自然语言处理时，通常需要先进行分词，分词的效果将直接影响词性、句法树等模块的效果。中文分词是中文文本处理的一个基础步骤，也是利用中文进行人机自然语言交互的基础模块。当然，分词只是一个工具，场景不同，要求也不同。

在人机自然语言交互中，成熟的中文分词算法能够达到较好的自然语言处理效果，帮助计算机理解复杂的中文语言。目前，常用的中文分词库为 jieba 库。

本书中使用的编程基础语言是 Python，而 jieba 库就是 Python 的第三方库。Jieba 库是一个中文分词库，使用前需要进行安装。在计算机（Windows 操作系统）已经安装了 Python 和 pip 的前提下，在计算机命令提示符（cmd）中编写下面的语句即可在线安装。

```
pip install jieba
```

jieba 库分词的基本原理如下。
- 利用中文词库分析汉字与汉字之间的关联几率。
- 分析汉字词组的关联几率。
- 根据用户自定义的词组进行分析。

jieba 库的 3 种分词模式如下。
- jieba.lcut(s)：精确模式，返回一个列表类型的分词结果。
- jieba.lcult(s, cut_all = True)：全模式，返回一个列表类型的分词结果。
- jieba.lcut_for_search(s)：搜索引擎模式，返回一个列表类型的分词结果。其中，括号中的 s 表示等待被分词的语句。

下面通过示例讲解这 3 种分词模式。

```
import jieba
fc='我是中国云南省临沧市一名初中信息技术教师'
fc_jqms=jieba.lcut(fc,cut_all=False)
```

```
fc_qms=jieba.lcut(fc,cut_all=True)
fc_ssyq=jieba.lcut_for_search(fc)

print('精确模式: '+'/'.join(fc_jqms))
print('全模式:    '+'/'.join(fc_qms))
print('搜索引擎: '+'/'.join(fc_ssyq))
```

运行以上示例代码，将得出如图 10-1 所示的结果。

```
精确模式: 我/是/中国/云南省/临沧市/一名/初中/信息技术/教师
全模式:    我/是/中国/云南/云南省/临沧/临沧市/一名/初中/中信/信息/信息技术/技术/教师
搜索引擎: 我/是/中国/云南/云南省/临沧/临沧市/一名/初中/信息/技术/信息技术/教师
```

图 10-1　3 种模式的代码运行结果

从中可以看出，3 种模式给出的结果不同。

（1）精确模式：精确切分文本，不存在冗余单词。

（2）全模式：把文本中所有可能地词语都扫描出来，存在冗余。

（3）搜索引擎模式：在精确模式的基础上，对长词再次切分，存在冗余。

在上面的示例中，jieba.lcut(s)函数直接生成了一个列表。其实，也可以使用jieba.cut(s)函数生成一个生成器，再使用 for 循环语句逐一提取单词。

下面再通过一个示例介绍 jieba.cut(s)函数的功能。

```
import jieba
fc='我是中国云南省临沧市一名初中信息技术教师'
fc_jqms=jieba.cut('我是中国云南省临沧市一名初中信息技术教师',cut_all=False)
for c in fc_jqms:
    print(c)
print('--------------------------------------------------------------')
fc_qms=jieba.cut('我是中国云南省临沧市一名初中信息技术教师',cut_all=True)
for c in fc_qms:
    print(c)
print('--------------------------------------------------------------')
fc_ssyq=jieba.cut_for_search('我是中国云南省临沧市一名初中信息技术教师')
for c in fc_ssyq:
    print(c)
```

运行上述代码后将得出如图 10-2 所示的结果。

关于 jieba 库分词的更多内容，感兴趣的读者可以阅读相关书籍自行学习。关于中文分词库，除了 jieba 库，常用的还有 SnowNLP 库，一个使用 Python 编写的类库，其可以在线安装并处理中文文本内容。感兴趣的读者可以自行阅读学习。

```
我
是
中国
云南省
临沧市
一名
初中
信息技术
教师
────────────────────────────
我
是
中国
云南
云南省
临沧
临沧市
一名
初中
中信
信息
信息技术
技术
教师
────────────────────────────
我
是
中国
云南
云南省
临沧
临沧市
一名
初中
信息
技术
信息技术
教师
```

图 10-2　3 种模式的代码运行结果

10.2　文本数据的处理

10.2.1　文本特征初探

1. 词性标注

词性标注也被称为语法标注或词类消疑，是语料库语言学（Corpus Linguistics）将语料库内单词的词性根据其含义和上下文内容进行标记的文本数据处理技术。

jieba 库在分词的同时，还可以进行词性标注。每个词都有词性，如名词、动词、形容词等，jieba 库的分词结果也可以显行每个词的词性。使用 jieba.posseg 模块进行词性标注，示例代码如下。

```
import jieba.posseg as pseg
fc=pseg.cut('人生的每一个阶段都应该有理想，并且为它而努力')
for c in fc:
    print(c.word,c.flag)
print((x.word,x.flag) for x in pseg.cut(fc))
```

运行上述代码后将得出如图10-3所示的词性标注示例。

```
人生 n
的 uj
每 r
一个 m
阶段 n
都 d
应该 v
有 v
理想 n
, x
并且 c
为 p
它 r
而 c
努力 ad
```

图10-3　词性标注示例

也可使用如下代码完成分词并标注词性。

```
import jieba.posseg as pseg

fc='人生的每一个阶段都应该有理想，并且为它而努力'
print([(x.word,x.flag) for x in pseg.cut(fc)])
```

运行代码后，词性标注将以列表形式输出，如图10-4所示。

```
[('人生', 'n'), ('的', 'uj'), ('每', 'r'), ('一个', 'm'), ('阶段', 'n'), ('都', 'd'), ('应该', 'v'),
('有', 'v'), ('理想', 'n'), ('，', 'x'), ('并且', 'c'), ('为', 'p'), ('它', 'r'), ('而', 'c'), ('努力', 'ad')]
```

图10-4　以列表形式输出的词性标注

在两种分词方式输出的结果中，中文分词后面都显示了词语的词性。下面给出jieba中文分词词性简表，如表10-1所示。

表10-1　jieba中文分词词性简表

缩称	词性	缩称	词性
a	形容词	ni	机构名
b	区别词	nl	处所名词
c	连词	ns	地名
d	副词	nt	时间词
e	叹词	nz	其他专名
g	语素字	o	拟声词
h	前接成分	p	介词

续表

缩称	词性	缩称	词性
I	习用语	q	量词
j	简称	r	代词
k	后接成分	u	助词
m	数词	v	动词
n	普通名词	wp	标点符号
nd	方位名词	ws	字符串
nh	人名	x	非语素字

对这方面内容感兴趣的读者可以自行阅读相关资料，此处不再赘述。

2. 词频统计

词频统计是一种用于情报检索与文本挖掘的常用加权技术，用以评估一个词在一个文件或在一个语料库的某个领域文件集中的重复频率。词频统计为学术研究提供了新的方法和新的视角。字词的重要性与其在文件中出现的次数成正比，但也会与其在语料库中出现的频率成反比。词频统计加权的各种形式常被搜索引擎应用，以度量或评级文件与用户查询的相关程度。

下面通过一个示例进行讲解。本示例调用了 Python 标准库的 collections 模块中的 Counter 类，Counter 类用于跟踪值出现的次数，是一个无序的容器类型，以字典的键值对形式进行存储，其中，key 表示元素，value 表示计数。计数值可以是任意的整数（包括 0 和负数）。

```python
#统计一个列表中每个元素的重复次数
from collections import Counter
fc = Counter()
for word in ['中国','美国','俄国','中国','德国','中国','德国']:
    fc[word] += 1

print(fc)
```

运行代码后，输出如图 10-5 所示的词语重复次数统计。

```
Counter({'中国': 3, '德国': 2, '美国': 1, '俄国': 1})
```

图 10-5 词语重复次数统计

当然，也可以通过查找一个完整文本中出现次数最频繁的字符完成词频统计，但此文本须与 Python 文件处于同一文件夹。笔者以小说《三国演义》为例讲解此方法。示例代码如下：

```
from collections import Counter
import re

words = re.findall(r'\w+',open('sanguo.txt').read().lower())
fc=Counter(words).most_common(10)
print(fc)
```

执行代码后，输出如图 10-6 所示的词语重复次数统计。

```
[('孔明曰', 358), ('玄德曰', 343), ('操曰', 302), ('次日', 207), ('正是', 123), ('肃曰', 104), ('瑜曰', 101), ('权曰', 87), ('懿曰', 82), ('且看下文分解', 80)]
```

图 10-6　词语重复次数统计

也可以调用 zhon 库的 zhon.hanzi.punctuation 函数得到中文的标点符号集合，然后再将其替换，只输出中文字符[1]。

```
#from collections import Counter
import jieba
from zhon.hanzi import punctuation
with open('sanguo.txt') as f:
    words = f.read()

for i in punctuation:
    words = words.replace(i,'')

fc=Counter(list(jieba.cut(words))).most_common(10)
print(fc)
```

执行代码后，输出如图 10-7 所示的统中文词语重复次数统计。

```
[('"', 18195), ('曰', 7726), ('之', 3038), ('也', 2287), ('吾', 1835), ('与', 1748), ('将', 1676), ('而', 1636), ('\n', 1586), ('了', 1417)]
```

图 10-7　纯中文词语重复次数统计

zhon 库提供了常用汉字常量，如 CJK 字符和偏旁、中文标点、拼音、汉字正则表达式，是一个包含常见中文文本处理内容的 Python 库。读者使用时需要单独安装（推荐在线安装）。

---

[1] Python 文件和文本文件要放在同一个文件夹中。

在安装好 wordcloud 库后，就可以进一步将文本中的高频词进行可视化处理。通过如下代码可以生成词云。

```
import jieba                              #jieba 分词库
import pandas as pd                       #数据操纵和分析库
import numpy as np                        # NumPy 数据处理库
import wordcloud                          #词云展示库
from PIL import Image                     #图像处理库
import matplotlib.pyplot as plt           #图像展示库

wb=open('sanguo.txt').read()              #读取文本

jieba.add_word('刘辩')                    #更新词库
jieba.add_word('刘协')
jieba.add_word('刘宏')

#排除停用词
pc=['这个','一个','所以','你们','我们','他们','什么','怎么','咱们','自己',',',' ','。','；','、']
for i in pc:
    wb=wb.replace(i,'')

fc=list(jieba.cut(wb))                    #分割词汇
fc_dict={}

fc_set=set(fc)                            #统计词频次数
for i in fc_set:
    if len(i)>1:
        fc_dict[i]=fc.count(i)

fc_sx=list(fc_dict.items())               #排序
fc_sx.sort(key=lambda x:x[1],reverse=True)

for i in range(18):                       #输出词频最大数
    print(fc_sx[i])

photo_coloring = plt.imread('wj.jpg')     #定义词频背景
wc = wordcloud.WordCloud(
    font_path='fangsong.ttf',             #设置字体格式
    background_color='white',             #设置背景颜色
    width=400, height= 200,               #设置词云图的宽度、高度分别为400和200
    mask=photo_coloring,                  #设置词云形状
    max_words=210,                        #最多显示词数
    max_font_size=180                     #字体最大值
)
```

```
wc.generate_from_frequencies(fc_dict)    #通过字典生成词云
plt.imshow(wc)                           #显示词云
plt.axis('off')                          #关闭坐标轴
plt.show()                               #显示图像
```

执行代码后，输出如图 10-8 所示的词云图片。

图 10-8　词云图片

整本小说的高频词直观可视。

10.2.2　文本信息的提取

文本信息的提取包括关键词提取、文本分类—词频逆文档频率、TextRank 提取关键词等。

关键词是指能够表达文档中心内容的词语，常用于计算机系统标引论文内容特征、信息检索、系统汇集，以供读者检阅。关键词提取是文本挖掘领域的一个分支，是进行文本检索、文档比较、摘要生成、文档分类和聚类等文本挖掘研究的基础性工作。

从算法的角度来看，关键词提取算法主要分为 2 类，即无监督关键词提取方法与有监督关键词提取方法。无监督关键词提取方法主要有 3 类，包括基于统计特征的关键词提取（TF、TF-IDF），基于词图模型的关键词提取（PageRank、TextRank），基于主题模型的关键词提取（LDA）。

jiaba.analyse.extract_tags()函数使用默认的 TF-IDF 模型对文档进行分析。示例代码如下。

```
import jieba.analyse

text='''次日，于桃园中，备下乌牛白马祭礼等项，
三人焚香再拜而说誓曰：念刘备、关羽、张飞，
虽然异姓，既结为兄弟，则同心协力，救困扶危；
上报国家，下安黎庶。不求同年同月同日生，只愿同年同月同日死。
皇天后土，实鉴此心，背义忘恩，天人共戮！
誓毕，拜玄德为兄，关羽次之，张飞为弟。
祭罢天地，复宰牛设酒，聚乡中勇士，得三百余人，就桃园中痛饮一醉。'''

gjc=jieba.analyse.extract_tags(text,topK=4)
print(gjc)
```

其中，参数 text 是指待提取关键词的文本，topK 是指返回文本关键词的数量，其重要性从高到低排列。执行上述代码后，输出如图 10-9 所示的关键词提取结果。

```
['关羽', '桃园', '张飞', '救困扶危']
```

图 10-9　关键词提取结果

以上是 jiaba.analyse.extract_tags()函数的一般用法，其一共包含 4 个参数，除了上面提到的参数 text 和参数 topK，还有参数 withWeight 和参数 allowPOS，下面结合代码讲解这 4 个参数的具体用途。

```
import jieba.analyse

text='''次日，于桃园中，备下乌牛白马祭礼等项，
三人焚香再拜而说誓曰：念刘备、关羽、张飞，
虽然异姓，既结为兄弟，则同心协力，救困扶危；
上报国家，下安黎庶。不求同年同月同日生，只愿同年同月同日死。
皇天后土，实鉴此心，背义忘恩，天人共戮！
誓毕，拜玄德为兄，关羽次之，张飞为弟。
祭罢天地，复宰牛设酒，聚乡中勇士，得三百余人，就桃园中痛饮一醉。'''

gjc=jieba.analyse.extract_tags(text,topK=4,withWeight=True,allowPOS=())
for i in gjc:
    print(i[0],i[1])
```

执行代码后，输出如图 10-10 所示为含参数 withWeight 和参数 allowPOS 的关键词提取结果。

```
关羽 0.4024692083187234
桃园 0.3991016627629787
张飞 0.36670101801021276
救困扶危 0.29575909897872343
```

图 10-10　含参数 withWeight 和参数 allowPOS 的关键词提取结果

如前面的代码所示，参数 withWeight=True 表示返回每个关键词权重，参数 allowPOS 的作用是词性过滤，若为空则表示不过滤，若不为空仅返回符合词性要求的关键词执行代码。因为输出的结果生成了一个列表，列表中的关键词及其权重构成了元组，若要进行提取，则可使用 for 语句。

不同语言的文本处理所用到的技术是有差别的。下面将介绍中文语言的 6 个文本分类步骤及所涉及的文本分类技术。

1. 预处理

预处理是指去除文本的噪声信息，如 HTML 标签、文本格式转换、检测句子边界等。

文本处理的核心是要把非结构化和半结构化的文本转化为结构化的形式，即向量空间模型。在这之前，必须要对不同类型的文本进行预处理。在大多数文本挖掘任务中，进行文本预处理的步骤都是相似的。

（1）选择处理的文本范围。

（2）建立文本分类语料库。文本分类所说的文本语料一般分为两大类：训练集语料和测试集语料。

（3）文本格式转换。需要将不同格式的文本统一转换为纯文本文件，例如，网页文本、word 文件、pdf 文件都要转换为纯文本格式。

（4）检测句子边界。即标记句子的结束位置。

2. 中文分词

使用中文分词器为文本分词，同时去除停用词。

中文分词是指将一个汉字序列（句子）切分成多个单独的词语，这使得中文处理比英文要复杂且困难得多。中文分词，不但是中文文本分类的重要问题，而且是中文自然语言处理的核心问题之一。分词是自然语言处理中最基本、最底层的模块，分词精度对后续的模块应用影响很大。纵观整个自然语言处理领域,文本或句子的结构化表示是语言处理最核心的任务。

3. 构建词向量空间

统计文本词频,生成文本的词向量空间。

进行文本分类的结构化方法就是使用向量空间模型。虽然越来越多的实践已经证明这种模型存在局限,但迄今为止,其仍是文本分类中应用最广泛、最为流行的数据结构,也是很多相关技术的基础,如推荐系统、搜索引擎等。

4. 权重策略(TF-IDF 算法)

关键词提取技术是进行文本分析的一项非常重要的技术,其主要包括 TF-IDF 算法、TextRank 算法、基于 LDA 主题模型的关键词提取算法等。

TF-IDF 即词频-逆文档频率,用来刻画一个词语在某篇文档中的重要程度,即可以使用该词语代表某篇文档的主要内容。

TF 表示词频。给定几个关键词,在某篇文档中出现次数最多的关键词,就是与该文档关系最密切的关键词。用词语出现的次数除以文档的总词汇数即可得出 TF。在引入 TF 后,若某个词的 TF 越高,则该文档与其关系也就越大。

TF 的计算公式为:

$$TF = \frac{词语在文档中出现的次数}{文档词语总数} \quad (10\text{-}1)$$

IDF 表示逆文档频率。如果一个词语在某篇文档中的 TF 较高,但是在语料库的其他文档中出现的次数少,那么说明该词语对于文档分类具有重要作用,因此引入 IDF 来表示此项数据。IDF 越大,该词语对于语料库的文档就具有越好的区分能力。如果某个词语在每篇文档里都出现,而且出现的次数很接近,则用该词语来区分文档的效果不佳。例如,在语料库中有多篇描述天气的文档,其中只有 1 篇文档里面多次出现"晴天",则说明"晴天"能够较好地区分文档的类别。

IDF 的计算公式为:

$$IDF = \log\frac{词语在文档中出现的次数}{文档词语总数} \quad (10\text{-}2)$$

TF-IDF 就是 TF 和 IDF 的乘积,其值越大,某个词语用来识别文档的区分度就越高:

$$TF\text{-}IDF = TF \times IDF \quad (10\text{-}3)$$

5. 分类器

使用算法训练分类器。

6. 评价分类结果

准确率（Precision）、召回率（Recall）和 Fa-Measure 函数是信息检索、人工智能和搜索引擎等领域中重要的评价标准，常用于评价分类模型的好坏。

（1）召回率（查全率）：检索出的相关文档数与文档库中所有的相关文档数的比率，是衡量检索系统的查全率。

$$召回率 = 系统检索到的相关文件/系统所有相关的文档总数 \qquad (10\text{-}4)$$

（2）准确率（精度）：检索出的相关文档数与检索出的文档总数的比率。

$$准确率 = 系统检索到的相关文件/系统所有检索到的文件总数 \qquad (10\text{-}5)$$

（3）Fa-Measure 函数：

$$Fa=(a2+1)PR/(a2P+R) \qquad (10\text{-}6)$$

其中，a 是参数，P 是准确率，R 是召回率。

在 Fa-Measure 函数中，当 a=1 时，就是最常见的 F1-Measure 了，即 F1=2PR/(P+R)，F1 综合了 P 和 R 的结果，若 F1 较高，则能说明试验方法比较有效。

10.2.3 文本向量化

文本向量化（又被称为词向量模型和向量空间模型）即将文本表示为计算机可识别的实数向量，根据粒度大小可将文本特征表示分为字、词、句子或篇章等多个层次。文本向量化的方法主要为分布式表示和离散表示。

离散表示的常用方法包括词集模型和词袋模型，二者均以词与词之间保持独立性、没有关联为前提，将所有文本中的单词形成一个字典，然后根据字典来统计单词出现的频数。二者的不同之处如下：

- 词集模型：只要单个文本中的某个词出现在字典中，就将其置为 1，不管出现多少次。
- 词袋模型：只要单个文本中的某个词出现在字典中，就将其向量值加 1，出现多少次就加多少次。

分布式表示的思路主要是将每个词根据上下文从高维映射到一个低维度、稠密的向量上，向量的维度需要指定。在构成的向量空间中，每个词的含义都可以用周边的词来表示，其优点是考虑到了词与词之间的相似关系，减小了词的向量维度。常用方法如下：

- 基于矩阵的分布式表示。
- 基于聚类的分布式表示。
- 基于神经网络的分布式表示，其利用了激活函数及 softmax 函数中的非线性特点，同时保留了语序信息。

Scikit-Learn（sklearn）库是机器学习常用的第三方库，其对常用的机器学习方法进行了封装，包括回归（Regression）、降维（Dimensionality Reduction）、分类（Classfication）、聚类（Clustering）等方法，也是简单高效的数据挖掘和数据分析工具。在使用词袋模型统计词频时，我们会得到文本中所有词的词频，有了词频就可以使用词向量表示这个文本。Scikit-Learn 库的 CountVectorizer 类可以帮助完成文本的词频统计与向量化，示例代码如下。

```
#词袋模型之向量化
from sklearn.feature_extraction.text import CountVectorizer

fc=CountVectorizer()

wb=["中国 梦 所有 中国人 的 梦",
    "我 是 一个 中国人 我 热爱 我 的 祖国",
    "中国 是 地球 的 一部分 地球 是 我们 共同 的 家园",
    "中国 的 明天 世界 的 明天 人类 共同 的 明天",
    "人类 共同 携起手 来 爱护 地球 母亲"]

print (fc.fit_transform(wb))   #文本的词频
print('\n-------------------------------------------------------')
print (fc.fit_transform(wb).toarray())   #每个文本词向量特征
print('\n-------------------------------------------------------')
print (fc.get_feature_names())   #各特征代表的词
```

运行代码后，输出如图 10-11 所示的文本向量与词频示例。

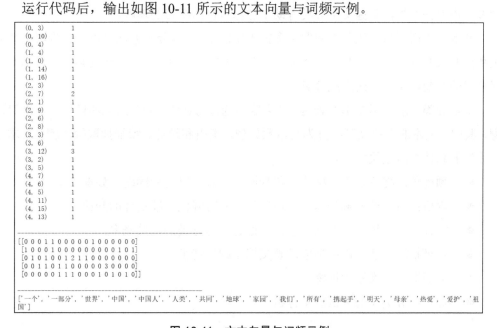

图 10-11　文本向量与词频示例

示例中 5 个句子（5 个文本）的词频已被统计出来，括号中的第 1 个数字是文本的序号，第 2 个数字是词的序号（词的序号基于所有的文档设定），第 3 个数字就是词频。同时，还可以看到每个句子的词向量特征和每个特征所代表的词，一共有 17 个词。因此，5 个文本都有 17 维的特征向量，每一维的向量依次对应了 17 个词。

10.3 文本分析的应用

10.3.1 文本分类

文本分类是指使用计算机对文本按照一定的分类体系或标准进行自动分类标记，其根据一个已经被标注的训练文档集合，找到文档特征和文档类别之间的关系模型，然后利用这种关系模型对新的文档进行类别判断。文本分类已从基于知识的方法，逐渐转变为基于统计和机器学习的方法。

文本分类就是将一篇文档归入预先定义的几个类别中的一个或几个。简单来说，就是选取一篇文章，询问计算机此文章的内容类别究竟是体育、经济，还是教育。文本分类是一个监督学习的过程，常见的应用就是新闻分类、情感分析等，涉及机器学习、数据挖掘等领域的许多关键技术，如分词、特征抽取、特征选择、降维、交叉验证、模型调参、模型评价等，掌握文本分类有助于加深对机器学习的理解。

文本分类问题与其他分类问题不存在本质区别，文本分类方法可以归结为根据待分类数据的某些特征进行匹配。完全匹配是不太可能的，因此，必须根据某种评价标准选择最优的匹配结果，从而完成分类。

文本分类一般包括文本的表达、分类器的选择与训练、分类结果的评价与反馈等过程，其中，文本的表达又可细分为文本预处理、索引和统计、特征抽取等步骤。文本分类系统的总体功能模块如下。

- 预处理：将原始语料格式转化为同一格式，以便后续统一处理。
- 索引：将文档分解为基本处理单元，同时降低后续处理的开销。
- 统计：词频统计，即项（单词、概念）与分类的相关概率。
- 特征抽取：从文档中抽取反映文档主题的特征。
- 分类器：分类器的训练。
- 评价：分类器的测试结果分析。

10.3.2 文本情感分析

文本情感分析,又被称为意见挖掘、倾向性分析等。简单而言,这是对带有情感色彩的主观性文本进行分析、处理、归纳和推理的过程。互联网上存在大量用户参与的、对诸如人物、事件、产品等有价值的评论信息。这些评论信息包含人们的各种情感色彩和情感倾向,如喜、怒、哀、乐、批评、赞扬等,用户可以通过浏览这些带有情感色彩的评论来了解大众舆论对于某一事件或产品的看法。

情感分析挖掘的是人们的观点、情绪,以及对产品、服务、组织等实体的态度。该领域的快速起步和发展得益于社交媒体的流行,如产品评论、论坛讨论、微博留言等。自 2000 年年初,情感分析已经成长为自然语言处理(NLP)中较为活跃的研究领域之一,其在数据挖掘、Web 挖掘、文本挖掘和信息检索方面的应用也被广泛研究。事实上,情感分析已经从计算机科学延展到管理科学和社会科学,如市场营销、金融、政治学、通信、医疗科学,甚至是历史。其重要的商业性引发了整个社会的共同关注。

根据不同文本的不同处理粒度,可将文本情感分析大致分为属性级、句子级、篇章级 3 个研究层次。文本情感分析就是判断不同等级的文本所包含的级性,如积极(正向)的、消极(负向)的,有时也会包含中立的。因此,文本情感分析在本质上属于分类问题。

现有的文本情感分析途径大致有 4 种:关键词识别、词汇关联、统计方法和概念级技术。许多开源软件使用机器学习(Machine Learning)、统计、自然语言处理的技术进行大型文本集合的情感分析,这些大型文本集合包括网页、网络新闻、网络讨论群、网络评论、博客和社交媒介等。文本情感分析示例如图 10-12 所示。

```
"这手机拍照还挺好,但是运行不流畅,续航能力比较差,屏幕有点小"
依据:
1.情感词    积极:1,消极:-1
                 4    3    2      0.5
2.程度词    四个级别  极、非常、比较/挺、一点点/有点
3.否定词    倾向反转  -1
...
```

图 10-12 文本情感分析示例

在图 10-12 展示的句子中可以看到情感词、程度词及否定词，这些词综合体现了句子的情感倾向。对这些词进行分类和分程度的数据统计，其分析结果如图 10-13 所示。

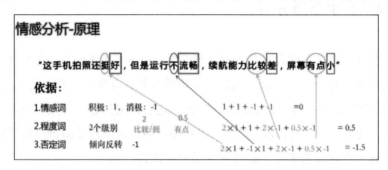

图 10-13　分析结果

最终，得出的统计结果是负数，说明这句话的情感倾向是消极的。

我们还可以使用 Python 编写代码并计算这句话的情感倾向分值，示例代码如下，读者可自行输入并查看输出结果。

```python
sent=['这','手机','坏','的','画面','好','差']   #句子分词结果
posdict=['好','流畅','顺手','赞']   #积极情感词
negdict=['烂','差','坏']   #消极情感词
poscount=0
negcount=0

for word in sent:
    if word in posdict:
        poscount=poscount+1
    elif word in negdict:
        negcount=negcount-1
print('积极情感分值:',poscount)
print('消极情感分值:',negcount)
print('该语句的情感倾向总分值:',poscount+negcount)
```

另外，前面简单介绍了 SnowNLP 库。SnowNLP 库是一个使用 Python 编写的类库，主要用于处理中文文本，可实现分词、词性标注、情感分析、汉字转拼音、繁体转简体、关键词提取，以及文本摘要等功能。使用其进行情感分析的示例代码如下。

```python
from snownlp import SnowNLP

fc1 = '我爱我的祖国，我爱我的亲人！'
s1 = SnowNLP(fc1)
print(s1.sentiments)
print()
```

```
fc2 = '我不喜欢无聊的人,我非常不高兴'
s2 = SnowNLP(fc2)
print(s2.sentiments)
```

使用 SnowNLP 库进行分析,得出的结果取值范围为 0~1,越接近 1 表示情绪越积极,越接近 0 表示情绪越消极。积极与消极的得分如图 10-14 所示。

```
0.9904688458174901
0.14824108530981073
```

图 10-14 积极与消极的得分

从结果中可知,第一句传达出的情感非常积极,第二句话就比较消极了。

下面我们来看一个综合案例。将客户在一般时间内对淘宝网某店铺某种商品的评价放在一个名为商品评价的 Excel 文件当中,通过定义一个函数批量处理所有的商品评价信息,再利用 Matplotlib 库画出商品评价随时间的趋势图,示例代码如下。

```
from snownlp import SnowNLP              #处理中文文本库
import pandas as pd                      #分析结构化数据的工具库
import matplotlib.pyplot as plt          #绘图库

df=pd.read_excel('累计评价.xlsx')          #读取 Excel 文件数据

def pclpj(text):                         #定义函数,批量处理所有商品评价
    fc=SnowNLP(text)
    return fc.sentiments

df['sentiment']=df.累计评价.apply(pclpj)
print(df.head(9))                        #显示其中 9 条商品评价
print('-----------------------------------------')
pjz=df.sentiment.mean()
print(pjz)                               #显示商品评价的平均值

x=df['日期']                              #通过 Matplotlib 库画出不同时间商品评价的趋势图
y=df['sentiment']
plt.figure(figsize=(20,6), dpi=80)
plt.plot(x,y)
plt.show()
```

运行代码后,输出的评价综合得分如图 10-15 所示,从中可以计算出这 9 条商品评价的平均值接近 0.6,这表明客户对该商品正向评价更多。

```
                       累计评价           日期    sentiment
0              这次是给朋友买的，朋友说很喜欢。 2019-10-07   0.850935
1           很好吃，里面的籽一咬嘎吱嘎吱的，超级带感 2019-10-08   0.776419
2         量有点少，所以总体来看看起来东西有点小贵 2019-10-09   0.763997
3            每次发货都很快，好吃，老顾客了买了好多年 2019-10-10   0.816398
4    价格涨了一倍 就为了所谓的满300减200的活动 没有诚信 不会再光顾 2019-10-11   0.043130
5              他们家的东西真得好吃，而且还不贵，推荐大家购买 2019-10-12   0.643666
6                         非常不错，好吃好吃好吃 2019-10-13   0.916424
7      不新鲜了，一股油污味，像过期的花生油味，下次不敢买这个了 2019-10-14   0.036267
8                         好吃的 还会再买 2019-10-15   0.518523
----------------------------------------
0.5961955014373982
```

图 10-15 输出的评价综合得分

根据输出的评论得分随时间变化的趋势图（见图 10-16），在 10 月 11 日和 10 月 14 日两天，客户反馈体现出的情感非常消极。店主可以通过反馈找出商品的不足之处，从而提高商品质量和服务质量。

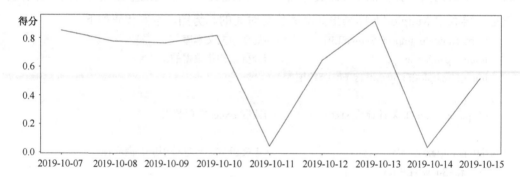

图 10-16 评价得分随时间变化的趋势图

10.4 本章小结

本章简要介绍了文本数据的基本概念，包括文本数据与自然语言处理、分词，以及文本信息的提取等基础知识。同时，讲解了文本向量化、文本分类、文本情感分析等内容，涵盖文本数据的基本应用和分析思路。

第 11 章 回归分析

11.1 叩响人工智能之门

11.1.1 人工智能与机器学习

现在一提到人工智能,就感觉它已经无所不能了。什么事情都能和人工智能建立联系。然而,不同的人对人工智能的理解不尽相同。直到现在,学术界仍然未对人工智能的定义达成共识。

作为一个学科,没有公认的定义确实是一个尴尬的现象,现在一些书对人工智能的定义干脆避而不谈了。笔者曾购买过一本近期出版的人工智能词典,里面就没有给出人工智能的定义。这种窘境的产生,除了因为人工智能一直随时代发展不断进步,还与其高度的跨学科交叉性有关。

那么,为什么人工智能的定义这么重要呢?因为在说明人工智能之前,必须先给出明确定义,否则人工智能就是一个词,而不是一个术语,"一千个人心中有一千个哈姆雷特"的情况就会发生。我们应该搞清楚人工智能是什么,以及不是什么。

1956 年达特茅斯会议的策划发起者(见图 11-1)之一,斯坦福大学的约翰·麦卡锡(John McCarthy)等学者认为,若机器能够完成人类的行为,就能被称为人工智能。然而,随着时代的发展与技术的进步,人工智能的定义也在逐渐发生改变。

图 11-1　1956 年达特茅斯会议的策划发起者

由于现存的人工智能定义较多，不少学者在研究后也按照一定特征对其进行了分类，如《人工智能：一种现代的方法》将人工智能按照思考与行动、像人一样行为与理性控制三个方面划分为像人一样思考、像人一样行动、理性地思考，以及理性地行动这四个维度，如图 11-2 所示。

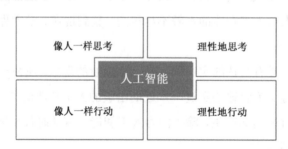

图 11-2　人工智能的 4 个维度

笔者青睐《普通高中信息技术课程标准（2017 年版）》对人工智能的定义，即人工智能是通过智能机器延伸、增强人类改造自然和治理社会能力的新兴技术。短短一句话就将智能机器、新兴技术、改造自然和治理社会等多个关键词串在了一起。

那么，什么是机器学习呢？机器学习是人工智能的一个分支，而深度学习又是机器学习的一个分支，三者的关系如图 11-3 所示。现在有一种误解，一提到人工智能就只有机器学习。曾经有位作者写了一本人工智能方面的图书，希望笔者提供一些建议，笔者在阅读后建议他应将书名起为《机器学习》，因为通篇没有提及人工智能的发展及脉络，只讲解了机器学习的相关算法。

图 11-3　人工智能、机器学习与深度学习的关系

其实，这点是人工智能学科的一个通病：大家关注什么，现在流行什么，就只写什么。笔者称其为"人工智能的偏科陷阱"。我国教育部在 2003 年的《普通高中信息技术课程标准（实验稿）》中就提到了"人工智能初步"模块，市面上也出现了《人工智能初步》高中教材，但是出于一些原因，书中只以知识表示、专家系统等为主要内容，很难找到今日如火如荼的神经网络等相关内容。

艾伦·图灵曾提到，不要再询问机器是否能够思考，而是应该思考机器能做哪些人类能做的事情，这是机器学习思想的起源。如今，机器学习早已成为人工智能领域的核心之一，它是一种关于如何让计算机具有像人一样的学习能力，从海量大数据中寻找有用信息并做出预测或决策的一门学科。

机器学习是一门交叉学科，是计算机科学和统计学的交叉，同时还是人工智能和数据科学的交叉。它与前面提到的程序编码最大区别就是可以在没有给出明确编程指令来执行任务的情况下做出预测或决策。

机器学习也没有公认的定义。机器学习一词由阿瑟·塞缪尔（Arthur Samuel）在 1959 年提出。汤姆·米切尔（Tom M. Mitchell）针对机器学习领域研究的算法给出了一个被广泛引用的、更为正式的定义："机器学习，就是一种从经验中学习关于某类任务和该任务执行性能衡量参数，并且性能衡量参数会随着经验的增加而提高的计算机程序。"

短短一句话道出了机器学习的核心概念：经验、程序和性能。什么是经验？就是过去的知识、信息和数据等。什么是程序？就是算法的种类及实现。什么是性能？就是算法处理经验的能力。随着经验的增加，性能也会同步提高。

数据是机器学习的重中之重，根据处理的数据类型的不同，机器学习可以分为监督学习（Supervised Learning）、无监督学习（Unsupervised Learning）、半监督学习（Semi-supervised Learning）和强化学习（Reinforcement Learning）这 4 种类型。

监督学习就像老师监督学生学习一样，学生学习知识并完成作业，老师检查学生的作业并给出正确答案。通过不断学习，学生逐渐掌握了解题规律，具备了举一反三的能力，这种适用于新样本的学习能力被称为泛化（Generalization）。

因此，监督学习的数据既有输入数据，又有与之对应的输出结果，即有标签的数据集。而无监督学习则是无师自通，自己摸索规律的过程。这让笔者联想到了当初学校发的教辅习题册，把习题册和参考答案一起发下来的是监督学习，只发习题册，没发参考答案的就是无监督学习。无监督学习是单纯地输入数据，而无法知晓输出结果。半监督学习介于二者之间，即只有一部分数据带有标签（知道正确答案）。

11.1.2 工欲善其事，必先利其器

工欲善其事，必先利其器。前面系统介绍了 NumPy 库、Pandas 库和 Matplotlib 库等。下面给大家介绍一个专门针对机器学习的库——Scikit-Learn 库，其基于 Python 语言，囊括了几乎所有的主流机器学习算法，如分类、回归、聚类和降维。

Scikit-Learn 库中还包含许多数据集，如已打包的数据集（Packaged Dataset）、可下载的数据集（Downloaded Dataset）、生成的数据集（Generated Dataset）等。以打包的数据集为例，其包含数据集如下。

- 乳腺癌数据集（breast_cancer）适合简单经典的二分类任务。
- 波士顿房价数据集（boston）及糖尿病数据集（diabetes）被认为是用于回归的经典数据集。
- 体能训练数据集（linnerud）用于多变量回归任务。
- 鸢尾花数据集（iris）适用于分类任务。
- 手写数据集（digits）是用于分类任务或降维任务的数据集。

11.1.3 算法，该"出道"了

算法（Algorithm）一词源于 9 世纪的数学家穆罕默德·伊本·穆萨·阿尔·花剌子密（Muhammad Ibn Musa Al-Khwarizmi）的一本著作。然而，算法的概念自古以来就存在。算术算法，如除法算法，大约在公元前 2500 年就被古巴比伦的数学家及公元前 1550 年的埃及数学家所用。

算法可以通过多种表示法进行表达，包括自然语言、伪代码、流程图、编程语言等。

算法可以帮助我们更好地从数据中洞悉事物发展的规律，可以帮助人们做出更加合理的决策。现在，算法已经成为各行各业必不可少的核心武器。物流行业使用算法优化

运输与仓储，商家利用推荐算法向用户推销商品。有了算法，人工智能可以实现人脸识别；有了算法，人工智能可以吟诗作画，甚至看图讲故事。

诚然，面对海量的数据，人们如果想要做出科学合理的决策，就需要算法。而了解算法的人都知道，算法种类繁多，其背后核心的思想却相对少很多。了解算法最本质的原理，再经过体系化学习，便可以在分析数据时做到有的放矢。

根据输出类型及是否属于监督学习这 2 个维度，可以将机器学习的主要算法分为 4 类，如表 11-1 所示。

表 11-1 机器学习主要算法分类

类型	监督学习	非监督学习
离散输出	分类	聚类
连续输出	回归	降维

在遇到实际的问题时，要先搞清楚任务，也就是目的是什么。例如，当知道某些指标连续相关，并且希望通过某些指标来预测另一个指标时，就可以采用回归算法。当面对一组没有标签的数据一筹莫展时，不妨先使用聚类算法进行探索，看看能否找到实现目标的思路。

11.2 万朝归宗：线性回归

回归分析是机器学习的重点内容之一，是研究变量之间的函数关系的一种方法。回归分析几乎可以应用于任何领域，如经济、金融、天气预测、农业、工业、医疗、生物、物理、化学、人文历史、商业、社会及心理等。

线性回归（Linear Regression）的目的就是通过对样本集合的分析，建立变量间的线性关联，简单来说，理解线性回归是理解一切回归的基础。相比其他某些机器学习模型，线性回归所涉及的参数要少得多，并且模型结构可以事先得知。另外，线性回归相对稳定，样本数据的细微波动对模型影响有限，不易发生过拟合问题。但是，由于参数较少，再加上现实中的非线性问题较多，欠拟合问题可能较易发生。

在现实生活中，往往很多非线性的问题需要通过非线性模型来解决。然而，很多非线性模型都可以通过对线性模型进行相应处理得到。所以，理解线性问题是理解非线性问题及机器学习的基础。

11.2.1 一元之道

一元线性回归，顾名思义，是指一个自变量（Independent Variables）与一个因变量（Dependent Variable）之间的关系构成的一种线性关系模型，如房价（因变量）与面积（自变量）之间通常呈现出简单的线性关系。通过建立自变量与因变量的关系模型可以预测那些未被观察到的因变量。

以表 11-2 所示的面积与房价数据为例进行观察分析。

表 11-2　面积与房价数据

编号	房价（y）	面积（x）
1	2	0.5
2	3	1
3	4	1.5
4	5	2
5	6	2.5
6	7	3
7	8	3.5
8	9	4
9	10	4.5
10	11	5

通过观察上述数据可知，自变量 x 与因变量 y 之间的关系非常明确，即：

$$y = 2x + 1 \tag{11-1}$$

二者关系图如图 11-4 所示。

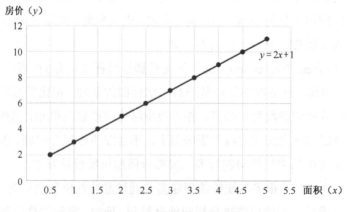

图 11-4　面积与房价关系图

由图 11-4 可预测，若 $x = 6$，则 $y = 13$。

但是，事情果真会如此简单吗？

通过前面的学习，我们已经知道在绝大多数情况下，自变量与因变量之间的关系都不会如式（11-2）这般明确：

$$y = ax + b \tag{11-2}$$

其中，a 表示直线方程的斜率，即当 x 变动一个单位时，y 的变动量；b 代表直线方程的截距。

通常的情况是：

$$y = ax + b + e \tag{11-3}$$

上述 2 个公式的不同之处在于式（11-3）多了一个 e，这是因为 y 往往代表随机变量，式（11-3）中的 y 其实是在线性方程式（11-2）的基础上再加上 e 后得出的，其代表着随机变量对 y 的影响，这种影响无法通过线性方程进行解释。

假如在实际测量时观察到如表 11-3 所示的面积与房价数据（含随机因素），粗略估算即可发现 a 不会再恰好等于 2，而 b 也不会恰好再等于 1，那么应该如何表述面积 x 与房价 $\hat{y}$ 之间的关系呢？

表 11-3 面积与房价数据（含随机因素）

编号	房价（$\hat{y}$）	面积（x）
1	3.35	0.5
2	2.72	1
3	3.64	1.5
4	5.41	2
5	7.76	2.5
6	6.22	3
7	9.27	3.5
8	8.61	4
9	10.13	4.5
10	9.59	5

如表 11-3 所示，随机因素的出现导致我们需要通过数据对斜率和截距（统称参数）进行估算。估算后的方程为：

$$\hat{y} = \hat{a}x + \hat{b} \tag{11-4}$$

一元线性回归的目的就是要通过已有数据找到一条最"适合"的直线，并且该直线具备一定的泛化能力。

将表 11-3 中的点与设想中的最优直线放到一起，得出如图 11-5 所示的观察值与拟合直线。这些点与直线之间存在的差值就是前面提到的残差（Residue）e，即观察值与估计值之差。衡量直线是否为最佳表述的标准就是利用这些残差来确定一元回归模型的参数。

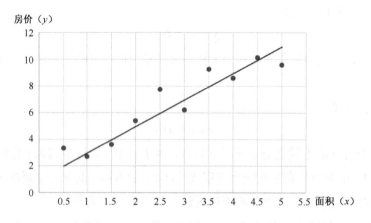

图 11-5　观察值与拟合直线

这种方法也被称为最小二乘法（Least Square Method），由德国数学家约翰·卡尔·弗里德里希·高斯（Johann Carl Friedrich Gauss）于 18 世纪后期提出。线性回归的最小二乘法就是找到一条直线，使实际值（样本点）到这条直线上的欧氏距离之和最小。

因此，寻找最"适合"的直线的问题，就变成了寻找能够让以下方程的值最小的一组参数 $\hat{a}$ 与 $\hat{b}$，即：

$$\min_{\hat{a},\hat{b}} \sum_{i=1}^{n} \left(y_i - \hat{a}x_i - \hat{b}\right)^2 \tag{11-5}$$

在机器学习中，式（11-5）可等价为：

$$\min_{\hat{a},\hat{b}} \frac{1}{n} \sum_{i=1}^{n} \left(y_i - \hat{a}x_i - \hat{b}\right)^2 \tag{11-6}$$

此公式就是所谓的损失函数，也是前面提到的均误方差。

最小二乘法是找到最优直线的方法之一。接下来，请思考以下 2 种方法并判断其可行性。

（1）对残差直接求和。

（2）对残差取绝对值求和。

针对第 1 种方法，对残差进行简单求和是不可行的。例如，某个节点的误差是一个很大的正值，而另一个节点的误差恰好是与正值大小相等但符号相反的负值，那么它们的求和为 0，即没有误差，这显然与实际情况不符。

针对第 2 种方法，尽管克服了正负数抵消的情况，将每个误差的结果取绝对值然后相加，虽然可行，但是不够好，因为这种情况会对梯度下降法（Gradient Descent）造成影响。此处我们选择对残差的平方进行测度，相比于其他方法，它更适合梯度下降法。

同时，相比于前面的误差的绝对值，此时的误差函数是一个光滑且连续的函数[1]。

通过下列公式推导可以得出系数：

$$\hat{a} = \frac{n\sum_{i=1}^{n} x_i y_i - \sum_{i=1}^{n} y_i \cdot \sum_{i=1}^{n} x_i}{n\sum_{i=1}^{n} x_i^2 - \left(\sum_{i=1}^{n} x_i\right)^2} \quad (11\text{-}7)$$

$$\hat{b} = \frac{\sum_{i=1}^{n} y_i - \hat{a}\sum_{i=1}^{n} x_i}{n} \quad (11\text{-}8)$$

只需要将样本值代入到式（11-7）与式（11-8）中就可以求出 $\hat{a}$ 与 $\hat{b}$。下面的代码同样可求得一元线性回归的相关系数。

```
import numpy as np
x = [0.5,1,1.5,2,2.5,3,3.5,4,4.5,5]
y = [3.35,2.72,3.64,5.41,7.76,6.22,9.27,8.61,10.13,9.59]
sum_y = sum_x = sum_xy = sum_x2 = 0
n = len(x)
sum_y = np.sum(y)
sum_x = np.sum(x)
sum_xy = np.dot(x,y)
sum_x2 = np.dot(x,x)
a_bar = (n*sum_xy-sum_y*sum_x)/(n*sum_x2-sum_x*sum_x)
b_bar = (sum_y-a_bar*sum_x)/n
print('回归系数 a=',a_bar,',截距 b=',b_bar)
```

输出结果如下。

回归系数 a = 1.7323636363636372,截距 b = 1.9059999999999981

也可以调用 Scikit-Learn 库对数据进行拟合，实现代码如下。

```
import numpy as np
from sklearn.linear_model import LinearRegression
x = [0.5,1,1.5,2,2.5,3,3.5,4,4.5,5]
y = [3.35,2.72,3.64,5.41,7.76,6.22,9.27,8.61,10.13,9.59]
x = np.array(x).reshape(-1,1)
y = np.array(y).reshape(-1,1)
model = LinearRegression()
model.fit(x,y)
b=model.intercept_      #截距
a=model.coef_           #回归系数
```

---

1 为什么绝对值函数不光滑？这涉及导数的相关知识。如果函数在某点可导，那么该点的左、右导数必须相等，这是判断函数在某点可导的充分必要条件。举一个简单的例子：对于绝对值函数 $y=|x|$，当 $x=0$ 时，函数的左导数为 –1，右导数为 1，左、右导数不相等，因此该函数在 $x=0$ 处不可导。

```
print('回归系数 a=',a,',截距 b=',b)
```

输出结果如下。

回归系数 a= [[1.73236364]], 截距 b= [1.906]

再举一个鸢尾花的例子。假设鸢尾花花瓣的长与宽之间存在一定关系，那么可以通过建立一元线性回归找出它们之间的关系[1]。此时的数据集为：

$$\{(x_{1,3}, x_{1,4}), (x_{2,3}, x_{2,4}), \cdots, (x_{150,3}, x_{150,4})\} \tag{11-9}$$

使用 Python 对鸢尾花花瓣的长与宽进行一元线性回归，可得方程为 $x_4 = 0.42 \times x_3 - 0.37$，拟合结果如图 11-6 所示。

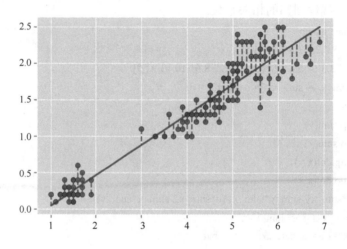

图 11-6 鸢尾花花瓣一元线性回归的拟合结果

通过一元线性回归对数据集的学习得到线性回归模型，即通过对数据集的学习拟合出一条线，然后利用该模型进行预测。例如，当我们建立了鸢尾花花瓣的宽与长的关系后，就可以根据花瓣宽尽可能准确地预测出花瓣长。

机器学习常常涉及过拟合与欠拟合的问题，有时也分别被称为"过度训练"和"训练不足"，这是 2 个非常重要的概念，许多方法的提出就是为了防止在学习时出现过拟合或欠拟合。

1. 过拟合

过拟合（Overfit）是指分析的产生与一组现有数据密切相关（过分拟合当前数据），导致不能分析其他数据可靠程度的一种情形。过拟合往往发生在为了得到一致性的假设，从而非常严格地进行拟合的场合，也就是事情做（拟合）得过头了。当一个模型开始通过记忆训练数据而不是通过学习来概括一个趋势时，更容易发生过拟合。如图 11-7 所

---

[1] 一元线性回归与多元线性回归分析的方法一样。

示的过拟合图，这本该是一条非常平滑的曲线，但为了迎合少量数据而过拟合成了其他函数形式。

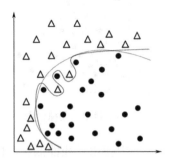

图 11-7　过拟合图

参照某些拟合准则并根据已有数据的拟合情况来看，模型往往达到了很好的拟合效果。但也可能存在这样一种情况，即模型仅针对已有的数据，对于新样本数据的拟合效果不尽如人意，因此失去了被推广的可能。

在有限的数据基础上过度拟合模型是十分危险的。例如，一个常见的情况是先收集大量的历史数据，再通过所谓的学习发现了预测非常精准的"模式"。然而，这些都是在样本内部进行操作的。当"模式"被应用到样本外的数据时，就会发现其可能仅是一次过拟合。另外，过拟合的出现往往都是由于对模型的描述太过复杂。我们在建立一个模型时，总希望把所有变量参数都打包放在一个模型内，这种情况往往就会导致过拟合。

造成过拟合的原因也可能是样本太少。样本数量太少会导致模型不能准确归纳，也就是上面所提到的模型不具备推广的能力。例如，如果参数的数量等于或大于观测值，那么一个简单的模型就可以通过对数据的全部记忆来精确地预测训练数据。然而，这样的模型在预测时通常会失败。

很多技术手段都可以减少过拟合，如不使用过于复杂的模型，在一定程度上简化参数，或者通过对一组不用于训练的数据进行评估来测试该模型的推广能力。

2. 欠拟合

当通过学习无法充分获取数据的潜在结构时，就会发生欠拟合（Underfit）。例如，建模不当，将非线性的数据拟合成了线性的数据，并由此产生了较大的误差，如图11-8 所示的欠拟合图。模型的预测能力将大打折扣。

产生欠拟合的一个常见的原因就是变量选取过少，另一个常见的原因则是拟合不当，即模型的类型选择不当、欠考虑。就如前面所提到的，本来使用非线性模型拟合能得到更好的结果，却选择了线性模型。

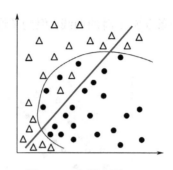

图 11-8 欠拟合图

如图 11-8 所示,在欠拟合图中使用了线性拟合,根据图中样本点显示的结果,无论直线的斜率如何调整,都无法将直线下方的 5 个三角形样本点与黑色实心样本点有效分开。而在如图 11-7 所示的过拟合图中,为了能够让所有的样本点有效分离,使用了复杂的高阶多项式,此时如果再有新的样本点,那么可能会产生较大的误差。

11.2.2 从一元到多元

一元线性回归是指利用一个自变量建立与因变量的线性关系,这个自变量往往就是对事物的某种特征的度量。在现实中,事物的特征往往不止一个,如前文提到的房价,其不仅受房屋总面积的影响,还与地理位置、朝向、开发商及宏观经济因素等多种特征相关。如果需要利用多个特征进行分析,就涉及多元问题。

在介绍多元回归之前,先对矩阵的相关概念进行简要介绍。假设对 m 个样本的 n 个特征进行观测,可以得到如下的矩阵:

$$X = \begin{pmatrix} x_{11} & \cdots & x_{1n} \\ \vdots & \ddots & \vdots \\ x_{m1} & \cdots & x_{mn} \end{pmatrix} \quad (11\text{-}10)$$

其中,X 表示一个 $m \times n$ 的矩阵,矩阵的每一行对应一个样本的 n 个特征,每一列则对应所有样本的 m 个特征。

使用行向量 $x_r.$ 代表 X 的第 r 行,其中 $1 \leq r \leq m$,即一次观测时第 r 个样本的各特征数值。使用列向量 $x_{.c}$ 代表 X 的第 c 列,$1 \leq c \leq n$,即全部观测后某个特征的所有数值。

此外,每个样本还对应一个标签值,如第 m 个样本对应的值为 y_m,多元线性回归模型(Multiple Regression Model)可以通过如下方程:

$$y = w_0 + w_1 x_{.1} + \cdots + w_n x_{.n} + e \quad (11\text{-}11)$$

建立起因变量 y 与自变量 $x_{.1}, \cdots, x_{.n}$ 之间的联系,其中,$w = (w_0, w_1, \cdots, w_n)^T$ 是模型的参

数，e 是残差项，代表除 n 个特征以外的随机因素的影响。多元线性回归的目的就是通过建立模型，估计出参数向量 $\boldsymbol{w}=(w_0,w_1,\cdots,w_n)^{\mathrm{T}}$ 的值。三维空间中的回归平面如图 11-9 所示。

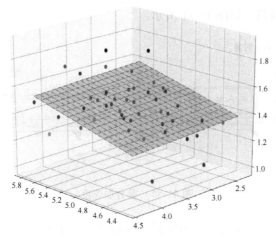

图 11-9　三维空间中的回归平面

与一元线性回归相同，最小二乘估计（Least Squares Estimation）也是估计 $\boldsymbol{w}$ 的一种经典方法。也就是求残差方法和达到最小时的参数 $\hat{w}_0,\hat{w}_1,\cdots,\hat{w}_n$：

$$\min_{\hat{w},\hat{b}}\sum_{i=1}^{n}\left(y_i-\hat{w}_0-\hat{w}_1 x_{\cdot 1}\cdots-\hat{w}_n x_{\cdot n}\right)^2 \tag{11-12}$$

如图 11-10 所示为残差到平面的垂直距离。

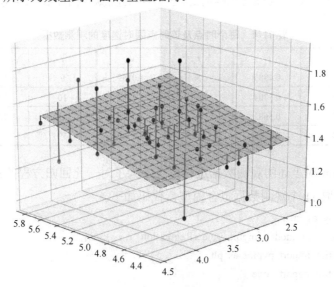

图 11-10　残差到平面的垂直距离

11.2.3　学习和工作中的线性回归

在高中阶段的物理课上,有一个利用打点计时器计算重力加速度的实验,其背后的模型就是一元线性回归,如图 11-11 所示。

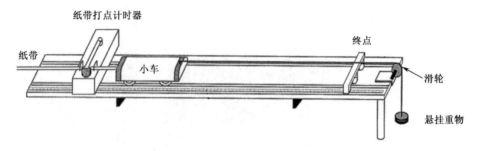

图 11-11　重力加速度

使用一根线连接重物和小车,小车另一侧连着一根带有毫米刻度的纸带,纸带穿过打点计时器。当重物由于重力的作用开始进行自由落体运动时,小车就会被重物拖动,并且移动速度会越来越快。打点计时器就会以固定的时间间隔对纸带进行打点,纸带上点与点之间的距离会随着小车移动的速度越来越快而变得越来越大。显然,上述悬挂重物下降导致小车移动的过程并不是匀速的。如果是匀速运动,那么使用时间和速度进行计算就可以知道移动距离。

假设每个时点(t)及该时点瞬时速度(v_t)的观测数据如表 11-4 所示。

表 11-4　每个时点及该时点瞬时速度的观测数据

t	v_t	t	v_t	t	v_t
1	0.1889	5	1.0159	9	1.7865
2	0.3704	6	1.1784	10	1.9426
3	0.5682	7	1.3716	11	2.1277
4	0.8128	8	1.5742	12	2.3483

使用 Python 对上述的观测数据进行拟合。为了对一元回归方程的预测进行测试,从表 11-4 中选取 11 个观测数据拟合模型,代码如下。

```
import numpy as np
from sklearn.linear_model import LinearRegression
from matplotlib import pyplot as plt
from matplotlib import style
style.use('ggplot')

#输入 t 和 v 的值
```

```
t = np.array([1,2,3,4,5,6,7,8,9,10,11]).reshape(-1,1)
v = np.array([0.1889,0.3704,0.5682,0.8128,1.0159,1.1784,1.3716,1.5742,1.7865,1.9426,2.1277]).reshape(-1,1)

#线性拟合
lr = LinearRegression()          #线性回归
lr.fit(t,v)                      #拟合
t_fit = np.arange(0,13,0.01).reshape(-1,1)    #X_fit 是构造的预测数据，X 是训练数据
v_lin_fit = lr.predict(t_fit)    #利用线性回归对构造的 X_fit 数据进行预测
plt.xlabel("T")  #对横坐标进行标注
plt.ylabel("V")  #对纵坐标进行标注

#根据模型进行预测，指定预测值
v_p = np.array(12).reshape(1,-1)
print("系数:",lr.coef_ )          #显示系数
print("截距:",lr.intercept_)      #显示截距
print("拟合线性方程为:v_bar=%f*T+%f"%(lr.coef_,lr.intercept_))

#数据可视化
plt.scatter(t,v,label='Observation points')              #观测数据
plt.plot(t_fit,v_lin_fit,label='Linear fit', c='k')      #线性拟合
plt.scatter(v_p,lr.predict(v_p), label='prediction',marker='D',c='r',linewidth=2)   #做图
plt.legend(loc='upper left')     #图例标题在左上角，如右下则为 lower right
plt.show()
```

输出结果如下。

系数: [[0.19560182]]
截距: [0.00249818]
拟合线性方程为: v_bar=0.195602*T+0.002498

生成的线性拟合图如图 11-12 所示，其中横轴代表时间 $T(\text{s})$，纵轴代表速率 $V(\text{m/s})$。

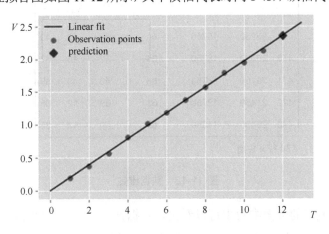

图 11-12 V 和 T 的线性拟合图

如表 11-4 与图 11-12 所示，当选取的 t 为 12 时，实际观测值为 2.3483，拟合后的线性方程给出的结果是 2.3497。严谨地说，观测数据会受到各种实验条件的影响，如平面的光滑程度会影响小车的移动速度、空气阻力、记录时的偏差等。还有一点十分重要，从理论上来说，瞬时速度的观测数据在建模时，方程中应该是没有截距项的。之所以在拟合时出现，是因为我们是使用了实际的观测数据进行了拟合。

在毕业进入社会工作后，人们普遍开始关心自己的薪酬，希望对自己薪酬能有一个合理的预测。研究发现，一些关键指标会对薪酬产生影响，如初始薪资、先前工作经验、工作时间、受教育情况、年龄等。

如果这些因素能与薪酬产生关联，就可以根据它们通过合理计算预测出一个合理的薪酬。假设这些指标（自变量）与薪酬（因变量）呈线性关系，那么就可以利用多元线性回归模型求解。数据文件"Salary.csv"给出了变量的具体数值。通过 Python 调用文件就可以看到数据的相关情况。

```
import pandas as pd
df = pd.read_csv("Salary.csv")
df
```

其数据维数如图 11-13 所示。

	salary	salbegin	jobtime	prevexp	educ	age
0	57000	27000	98	144	15	52
1	40200	18750	98	36	16	46
2	21450	12000	98	381	12	74
3	21900	13200	98	190	8	57
4	45000	21000	98	138	15	49
...	...	...	...	...	...	...
469	26250	15750	64	69	12	40
470	26400	15750	64	32	15	37
471	39150	15750	63	46	15	38
472	21450	12750	63	139	12	66
473	29400	14250	63	9	12	35

474 行 × 6 列

图 11-13 数据维数

从图 11-13 所示的数据维数中可以看出，数据共有 6 列，分别是薪酬（salary）、初始薪资（salbegin）、工作时间（jobtime）、先前工作经验（prevexp）、受教育情况（educ）和年龄（age）。数据共有 474 行，说明针对这些变量一共观测了 474 个样本。

```
Import numpy as np
import pandas as pd
from sklearn.linear_model import LinearRegression
from sklearn.model_selection import train_test_split

Date = pd.read_csv('Salary.csv')                                    #读取.csv 文件数据
X = Date.loc[:,['salbegin','jobtime','prevexp','educ','age']]       #提取自变量
Y = Date.loc[:,['salary']]                                          #提取因变量

linreg = LinearRegression()
X_train,X_test,y_train,y_test=train_test_split(X,y,test_size=0.2)

model=linreg.fit(X_train,y_train)
y_pred=linreg.predict(X_test)
train_score = model.score(X_train,y_train)
cv_score = model.score(X_test,y_test)
#输出多元线性回归的各项系数
print('各项系数:',linreg.coef_)
#输出多元线性回归的截距项的值
print('截距项:',linreg.intercept_)
print('训练样本得分:',train_score,',测试样本得分:', cv_score)
```

输出结果如下。

各项系数:[1.82756274   172.11405506   -9.02275752   592.41459593   -112.07961471]
截距项:-12335.250800788272
训练样本得分:0.8119633054037485,测试样本得分:0.8007089957927367

上述结果不但给出了各项系数及截距项,还给出了该多元回归模型训练样本的准确性得分,以及该模型在测试集中的表现得分情况。

利用给出的系数和截距建立起初始薪资、先前工作经验、工作时间、受教育情况、年龄和薪酬之间的多元线性回归模型,就能对薪酬进行合理预测。

11.3 回归增强术

11.3.1 非线性回归

非线性回归是指自变量与因变量呈现出非线性关系时的回归分析。与一元线性回归和多元线性回归相似,非线性回归分为一元非线性回归与多元非线性回归。

以二维平面为例,此时看到的散点图呈现出如二次曲线、三次曲线、指数曲线及对

数曲线等图形。针对这样的散点，往往需要建立一种非线性回归模型。

在线性回归中，自变量 x 通过线性关系对因变量 y 进行了回归，并且能够让预测值逼近未来真实值。那么，是否能够再进一步，让自变量逼近因变量的"变体"呢？

例如，设 a、b 为常数，则 ax+b 与 ln y 可建立如下的关系式：

$$\ln y = ax + b + e \tag{11-13}$$

其中，e 代表残差项。式（11-13）就是对数线性回归（Logarithmic-linear Regression），其散点图如图 11-14 所示。

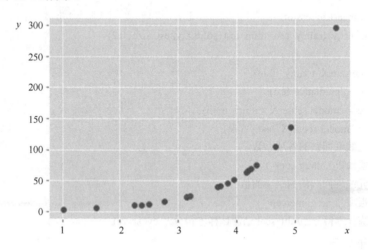

图 11-14　对数线性回归散点图

如果将两边同时以 e 为底，则上式变为

$$y = e^{ax+b+e} \tag{11-14}$$

也就是，e^{ax+b+e} 与 y 之间建立了某种关系，这种关系可以将非线性映射与线性映射串联起来。其实，不仅对数函数可以起到以上的作用，只要是单调可微的函数 $f(\cdot)$ 都可以。

$$f(y) = ax + b \tag{11-15}$$

$f(\cdot)$ 也被称为连结函数（Link Function）。模型 $y = e^{ax+b+e}$ 也被称为广义线性模型（Generalized Linear Models，GLM）。与线性模型不同的是，广义线性回归在参数估计时，常使用极大似然法（Maximum-likelihood Estimation）作为准则[1]。

还有一种回归被称为多项式回归（Polynomial Regression），它是自变量 x 的 n 次多项式与因变量 y 之间的一种关系建模。理论上，任何函数都可以采取多项式的形式进行逼近，因此可以利用 x 的高阶项对 y 进行逼近。

---

[1] 广义线性模型（GLM）是对普通线性回归的一种灵活推广，它放宽了残差必须服从正态分布的假设。GLM 对线性回归进行了一般化，允许线性模型通过连结函数与因变量关联，并且允许每次测量的方差大小是其预测值的函数。

虽然 y 与 x 之间存在非线性关系，但是 y 与各参数之间的关系仍然是线性的，因此多项式回归往往也被视为多元线性回归的特例。多项式回归模型的公式为：

$$y = a_1x + a_2x^2 + \cdots + a_nx^n + a_0 + e \tag{11-16}$$

如图 11-15 所示为某国家房价与面积的散点图，横轴代表面积，纵轴代表价格。单从图上来看，很难判断到底应使用线性关系，还是使用非线性关系进行拟合。即便是在已知非线性关系的情况下，也很难得知哪种情况最逼近真实。此时，可以使用多项式回归。

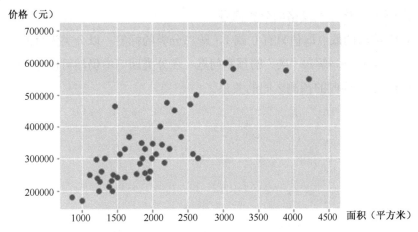

图 11-15　某国家房价与面积的散点图

如图 11-16 所示为房价与面积的多项式回归，其中展现出的是 n 在 1、2、4、6 时的拟合图形，Degree 代表多项式中的参数 n。从图中可以明显看出，当 $n=6$ 时，迎合数据的过拟合出现了。严格地说，其实在 $n=4$ 时就已经出现了过拟合。

那么，如何判断 n 到底是取 1 还是取 2 呢？这就要再结合其他标准做出进一步合理判断。

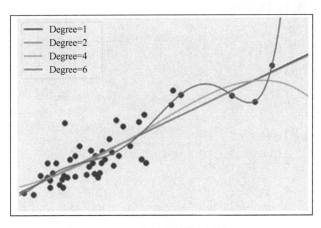

图 11-16　房价与面积的多项式回归

11.3.2 可分类的回归

前面已经介绍了非线性回归,也已经介绍了连结函数的作用。但是前面提到的因变量都是连续的,如果是离散的,即想利用一系列自变量对因变量进行分类,这种方式是否可行?

现实中存在很多分类问题,如尽管学习成绩是连续型变量,但是也可以简单分类为及格和不及格,这样就将"连续"的学习成绩变为了"离散",预测成绩的回归问题就可以转化为预测及格与不及格的分类问题。

图 11-17 给出的散点取值只有 0 或 1,即二分类的标签。以分类为目的的回归模型就是利用二分类标签,解决"类"的预测问题。在分类回归中仍然可以考虑利用连结函数建立分类与线性回归的预测之间的关系。

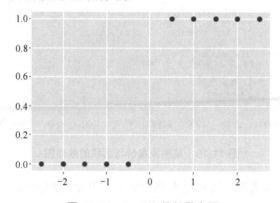

图 11-17　0、1 取值的散点图

现在给出一个 Sigmoid 函数:

$$y = \frac{1}{1+e^{-z}} \tag{11-17}$$

其函数图形如图 11-18 所示。

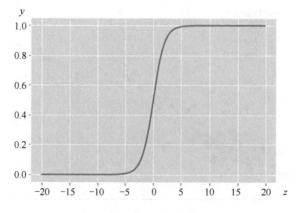

图 11-18　Sigmoid 函数图形

函数将 z 的数值转换成一个逼近 0 和 1 的数值,而且函数在 $z=0$ 附近时的图形形态十分陡峭,这种函数就是 Sigmoid 函数,也被称为 Logistic 函数。

此函数和学习与收获之间的关系相似。例如,刚开始没有进入学习状态,状态非常平稳,收获不是很多。随着学习的深入,突然感觉得心应手,感悟颇多,因此收获增速很快。而当达到一定程度时,收获又会相对趋于平缓。

在二分类问题中,y 代表一种可能性,$1-y$ 代表另一种可能性(y 有 0 和 1 两种取值,当 $y=1$ 时,$1-y=0$)。二者的比例 $\frac{y}{1-y}$ 被称为几率(Odds)。因此,不难得出:

$$\ln \frac{y}{1-y} = z \tag{11-18}$$

其中,$\ln \frac{y}{1-y}$ 表示对数几率(Logarithmic Odds)。

尽管都有"率",但几率和概率有着本质上的不同。例如,在扔一枚"公平"的硬币时,正面朝上的概率为 0.5,然而几率却是 $\frac{0.5}{0.5}=1$。同样,在投掷一枚骰子时,出现 6 朝上的概率为 $\frac{1}{6}$,然而此时的几率为 $\frac{\frac{1}{6}}{\frac{5}{6}}=\frac{1}{5}$。

假设 $z = ax+b$,则式(11-18)可以表示为:

$$\ln \frac{y}{1-y} = ax+b \tag{11-19}$$

可以看出,式(11-19)将线性函数与对数几率建立起了联系。下面给出逻辑回归(Logistic Regression)的方程:

$$P(Y=1|X=x) = \frac{e^{ax+b}}{1+e^{ax+b}} \tag{11-20}$$

从式(11-20)中也能够看出,逻辑回归是对因变量取值的概率进行预测,而不是直接对其取值进行预测。

逻辑回归是机器学习中的一种算法,可应用于诸多领域,如大多数医学领域、经济、金融、工业产品预测、消费者行为等。在医学上常用逻辑回归对患者的病情进行预测。例如,将年龄、扩散等级及肿瘤尺寸 3 个变量与癌变部位的淋巴结是否含有癌细胞联系在一起。一看到"是否"两字,应该可以立即想到这是一个分类问题。癌症数据的特征如图 11-19 所示,共有 1207 行,即 1207 个样本,共有 4 列,其中后 3 列为特征,分别为年龄(age)、肿瘤尺寸(pathsize)和扩散等级(pathscat)。

	ln_yesno	age	pathsize	pathscat
0	0	60	99.0	99
1	0	79	99.0	99
2	0	82	99.0	99
3	0	66	99.0	99
4	0	52	99.0	99
...	...	...	...	...
1202	0	72	3.0	2
1203	0	41	1.2	1
1204	0	71	1.6	1
1205	1	48	2.5	2
1206	0	73	2.4	2

1207 行 × 4 列

图 11-19　癌症数据的特征

在建立逻辑回归模型后，就可以通过年龄、肿瘤尺寸和扩散等级初步判断癌变部位的淋巴结是否含有癌细胞。代码如下所示。

```python
import pandas as pd
from sklearn.linear_model import LogisticRegression
from sklearn.model_selection import train_test_split

#读取.csv 文件数据
Date = pd.read_csv('Cancer.csv')
#提取自变量
X = Date.loc[:,['age','pathsize','pathscat']]
#提取因变量
y = Date.loc[:,['ln_yesno']].values.ravel()
#分离训练集与测试集
X_train,X_test,y_train,y_test=train_test_split(X,y,test_size=0.3)

#使用 Scikit-Learn 库的 LogisticRegression 作为模型
lr_model = LogisticRegression(solver='liblinear')

#拟合模型
lr_model.fit(X_train,y_train)
#给出权重
weights = np.column_stack((lr_model.intercept_,lr_model.coef_)).transpose()
#获取测试集评分
print('权重:',weights)
print('测试集评分:',lr_model.score(X_test,y_test))
```

结果显示如下。

```
权重:[[-0.07571831]
 [-0.02561615]
```

[0.65368108]
[-0.6551252]]
测试集评分:0.7658402203856749

11.3.3　能降维的回归

维数灾难（Curse of Dimensionality）一词通常是指随着维数的增加，计算量呈指数倍增长的一种现象。因此，在机器学习中，降维是一种常用方法，其可以将数据从高维度空间映射到低维度空间，然后再进行计算。另外，如果变量数较多且变量间的相关性较强，即在存在多重共线性（Multicollinearity）时，使用最小二乘法建立的回归模型将会增加参数的方差，使回归方程变得很不稳定。有些自变量对因变量影响的显著性被隐藏起来，有些回归系数的符号与实际意义不相符，回归方程和回归系数无法通过显著性检验[1]。

针对上述弊端，可以构建"主成分+回归"的思想。通过主成分将许多变量降维，提取后的主成分不但小于原始变量，同时也尽可能保留了信息，而且每个主成分都是原始变量的线性组合。主成分之间的不相关也是其一个较大优势，有助于挖掘更多新信息。

在理解主成分回归之前，有必要先了解什么是主成分。主成分的思想由卡尔·皮尔森（Karl Pearson）于 1901 年提出，最初作为力学中主轴定理的一个类比存在。1933 年，哈罗德·霍特林（Harold Hotelling）正式对主成分进行了命名。

为了直观地理解主成分，我们先从二维图形入手。主成分示意图如图 11-20 所示，在二维空间上的这些点无论是在横轴上，还是在纵轴上，其离散程度均相对较大。如果直接去掉其中一个维度，那么就会造成大量信息丢失。

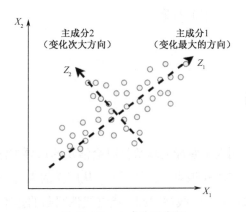

图 11-20　主成分示意图

---

[1] 多重共线性是指在线性回归模型中，由于为了解释变量之间存在的一种高相关关系，线性模型估计失效。

如果将坐标轴按照逆时针的方向旋转 θ 度，那么可以得到如下的新坐标：

$$Z_1 = X_1 \cos\theta + X_2 \sin\theta \qquad (11\text{-}21)$$

$$Z_2 = -X_1 \sin\theta + X_2 \cos\theta \qquad (11\text{-}22)$$

此时，这些点在 Z_1 轴上的离散程度较大，在 Z_2 轴的离散程度较小，因此在研究一些问题时，忽略 Z_2 轴也不会对结果产生太大影响。

如图 11-21 所示的旋转坐标展示了一个极端例子。在平面上有如图 11-21（a）所示的 3 个点，在旋转坐标后，其状态如图 11-21（b）所示，此时其已转化为新坐标体系下的一维数据，如图 11-21（c）所示。

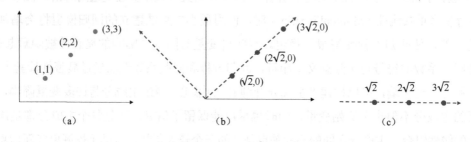

图 11-21　旋转坐标

主成分回归（Principle Component Regression，PCR）是一种基于主成分分析的回归分析技术。在主成分回归中，原始变量不再作为自变量存在，取而代之的是主成分。因此，主成分回归给出的是原线性回归模型中的未知回归系数。

总而言之，主成分回归是一种基于先降维、再回归，集诸多优势于一身的回归方法。然而，对主成分及主成分回归的进一步讨论超出了本书的范围，此处不再赘述，感兴趣的读者可以参考其他相关书籍。

11.4　本章小结

本章主要介绍了利用人工智能处理数据时会涉及的重要方法之一——回归分析，并且通过一些形象化的语言对知识点进行了讲解。从广义的人工智能与机器学习，到算法的简介，再过渡到本章重点——线性回归。通过线性回归的基本概念到与学习、工作相关的事例，阐述了线性回归的内容及应用。同时，将回归分析进一步分类，介绍了非线性、可分类及能降维 3 个特殊的回归方法。

第 12 章
聚类分析

西汉末的《战国策·齐策三》中有句话,"物以类聚,人以群分",意为同类事物及志同道合的人会往往会聚在一起。从某种意义上来说,同一群体中的对象彼此之间比其他组群体中的对象更相似。

聚类分析一词来源于 1932 年提出的人类学(Anthropology)。而后,约瑟夫·祖宾(Joseph Zubin)和罗伯特·泰伦(Robert Tryon)分别在 1938 年和 1939 年将其引入心理学。

如何研究个体之间的相似性,并且让具有相似性的个体聚到一起,就是聚类分析所研究的范畴。聚类分析是一种探索性的数据分析,能够挖掘出一些有价值的信息。其广泛应用于模式识别、图像分析、信息检索、生物信息学、数据压缩、计算机图形学和机器学习等众多领域。

12.1 数据之眼看聚类

12.1.1 什么是聚类

聚类分析其实是一种思想,而不是专指某种特定的算法。许多算法都可以实现聚类,研究类的构成及如何有效找到不同类的显著差异。

至于哪一种聚类算法最正确,目前还没有客观定论。但正如前面提到的,聚类只是一种思想,因此效果因人而异。对于特定的问题,常常需要通过具体实验才能选择出最合适的聚类算法。另外,不同的数据也会对聚类算法提出不同的要求。其中的一种思想是,同类中个体间的差距最小,群和群之间的差距最大。按照这种思想,聚类其实可以被表述为一个多目标优化问题。

与其他机器学习算法一样,聚类分析也无法一次实现目的,也需要不断迭代优化。聚类分析与前面介绍的回归分析的最大不同就是,前者是无监督学习,而后者是监督学习。在回归分析中,不但自变量是已知的,因变量也是已知的,即拥有标签数据。

标签数据使分析目的更加明确，评估模型的标准也更加清晰，真实值与预测值的差异说明了一切。但是在现实中，在很多情况下，数据标签其实是很模糊的，很难被量化。

不过，即便没有标签，也就是没有因变量 y，只有一些自变量 x，这些自变量本身就包含了很多信息，可以进一步探索和挖掘。以鸢尾花数据为例，由于限于图形的显示，这里仅提取花萼宽和花萼长 2 种特征（自变量）制作散点图。在不考虑标签数据（因变量）的情况下，上述 2 个特征的散点图如图 12-1 所示，是否可明显看出这些点聚成了哪 3 类？就观测结果来说，不同的人有不同的看法，这里就是仁者见仁、智者见智了。

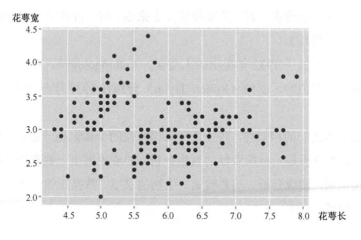

图 12-1　无标签的鸢尾花散点图

通过对花萼宽与花萼长 2 个定量指标进行聚类分析，可以将这些个体分为 3 类，如图 12-2 所示为聚类分析后的鸢尾花类别。当然，这只是利用了 2 个特征及某个具体的聚类算法所得出的结果，前面也曾提到，不同的数据（此处指提取的特征）、不同的算法都会影响分类的结果。

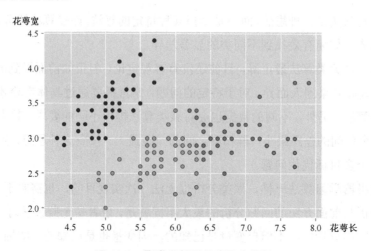

图 12-2　聚类分析后的鸢尾花类别

聚类也被广泛应用于社交网络。通过聚类能够锁定特定人群，针对不同的人群，结合推荐的算法，完成一些学习内容推荐或商业推广。其实，只要是进行无标签数据探索的地方，或多或少都会出现聚类的身影，因此，掌握一定的聚类算法思维是很有必要的。

12.1.2 人工智能的未来：无监督学习

由于无监督学习中的数据不需要添加标签，所以机器学习的目标就放在了数据自身的特征上。另外，相较于有标签的数据，无标签的数据的获取成本更低，从理论上来说，允许使用的数据规模更大。

ImageNet 项目是一个大型的可视化数据库，设计用于进行视觉对象识别软件的研究。ImageNet 官网首页显示，截至 2019 年 3 月，已经有 1400 多万幅图像被项目手工注释，用以指示描绘的对象，并且在至少 100 万幅图像中提供了边界框，难以想象为如此规模的数据添加标签需要花费多少时间、人力和物力。而对于互联网巨头公司来说，这些带标签数据仅是冰山一角。

因此，无监督学习算法更倾向于将目光放在数据的共性上，提炼这些共性并在有新数据样本输入时参考这些共性进行进一步的分析。深度学习三巨头杨立昆、约书亚·本吉奥和杰弗里·辛顿被曾在《自然》杂志中发表文章并评论无监督学习："无监督学习在重新激发人们对深度学习的兴趣方面起到了催化作用，但此后被纯粹的监督学习的成功所掩盖。尽管我们在本评论中并未重点关注它，但我们希望从长远来看，无监督学习将变得更加重要。人类和动物的学习在很大程度上是无监督的。我们希望通过观察来发现世界的结构，而不是通过被告知每个物体的名称。"

杨立昆（Yann LeCun）在 2016 年的 NIPS 学术会议（Neural Information Processing System）上提出了著名的"蛋糕类比 1.0"："如果智能是个蛋糕，那么蛋糕的大部分是无监督学习，蛋糕上的糖衣是有监督的学习，蛋糕上的樱桃是强化学习（RL）。"

3 年后，在 2019 年的 ISSCC（International Solid-State Circuits Conference）会议上，杨立昆又提出了"蛋糕类比 2.0"，将上一版本中的无监督学习替换成了自监督学习（Self-supervised Learning），即一种无监督学习的变体。通过上述发言可以看出他对无监督学习的认可。

12.1.3 距离产生美

距离在机器学习中是一个非常重要的概念。大家对两点间的欧氏距离已经较为熟悉了,即在平面坐标中存在两个点,它们的坐标分别为点 $A(x_1, y_1)$ 和点 $B(x_2, y_2)$,欧氏距离可以表示为:

$$d_{欧式距离} = \sqrt{(x_2 - x_1)^2 + (y_2 - y_1)^2} \tag{12-1}$$

现在再介绍另外两种距离。第一种是曼哈顿距离(Manhattan Distance),也被称为出租车几何(Taxicab Geometry),由德国数学家赫尔曼·闵可夫斯基(Hermann Minkowski)提出,用来表示两个点的绝对轴距总和。因此,点 A 和点 B 的曼哈顿距离可以表示为:

$$d_{曼哈顿} = |x_2 - x_1| + |y_2 - y_1| \tag{12-2}$$

第二种是切比雪夫距离(Chebyshev Distance),这也是常用的距离之一,以巴夫尼提·列波维奇·切比雪夫(Pafnuty Chebyshev)的名字命名。切比雪夫距离是指各点坐标数值差的绝对值的最大值,其公式表示为:

$$d_{切比雪夫} = \max(|x_2 - x_1|, |y_2 - y_1|) \tag{12-3}$$

图 12-3 直观地显示出曼哈顿距离、欧氏距离和切比雪夫距离的区别。粗色井字格代表街道图中上下两条折线均可以表示两点之间的曼哈顿距离,它好比出租车的行驶距离;而欧氏距离则是两点间的直线长度,好比直升机的行驶距离;切比雪夫距离就是最下方的水平方向线段的长度。

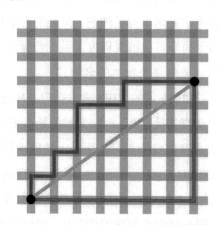

图 12-3 曼哈顿距离、欧氏距离与切比雪夫距离

在国际象棋中也存在很多关于距离的元素。比如"王"可以前后左右、斜前斜后行走,如图 12-4 所示为棋盘上"王"(f6)与所有格子的切比雪夫距离。了解国际象棋的

读者也可以自行思考不同的棋子使用的是何种距离。

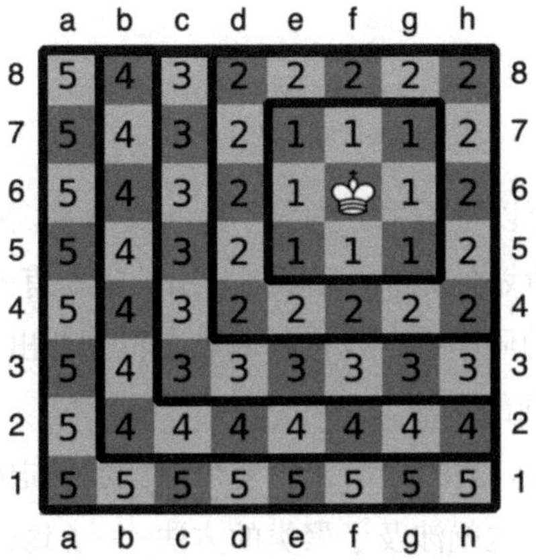

图 12-4　"王"与所有格子的切比雪夫距离

假设平面上有(1, 2)和(5, 5)两点,使用 Python 可以较为便利地求解出以上三种距离,示例代码如下。

```
import numpy as np
A = ([1,2])
B = ([5,5])
from scipy.spatial.distance import pdist
X=np.vstack([A,B])
d_E=pdist(X)                #欧氏距离
d_M=pdist(X,'cityblock')    #曼哈顿距离
d_C=pdist(X,'chebyshev')    #切比雪夫距离
print('欧氏距离=',d_E,',曼哈顿距离=', d_M, ',切比雪夫距离=',d_C)
```

输出结果如下。

欧氏距离= [5.], 曼哈顿距离= [7.], 切比雪夫距离= [4.]

读者也可以使用上面的代码尝试计算三维空间上的点(3, 3, 3)与点(6, 6, 6)之间的欧氏距离、曼哈顿距离和切比雪夫距离。其实,这三种距离均属于模的范畴,模也被称为范数(Norm)[1]。

---

[1] 范数(Norm),是具有"长度"概念的函数。在线性代数、泛函分析及相关数学领域中,范数是一个函数,为向量空间内的所有向量赋予非零的正长度或大小,公式为:

$$\|x\|_p = \left(\sum_{i=1}^{n}|x_i|^p\right)^{\frac{1}{p}}$$

从公式可以看出,曼哈顿距离是 1-范数,欧式距离是 2-范数,切比雪夫距离即无穷范数。

12.2 K均值聚类

根据性别划分学生，可以将学生分为男学生和女学生，因为性别的分类是既定的事情。但如果要根据学生成绩划分等级，可以划分出几类？有的同学可能会将成绩划分为及格与不及格2类，还有的同学会在及格的基础上再划分出优秀、良好、一般，因此出现了2类与4类这2种不同的分法。

也就是说，在聚类之前，类的数量K很有可能就已经定好了。但是，如何进一步将观测的样本划分成K类呢？这就涉及了聚类的方法——K均值聚类（K-Means Clustering）。

12.2.1 K均值聚类的思想

K均值聚类的思想由Hugo Steinhaus在1957年提出，然而，"K均值"一词却是詹姆斯·麦奎因（James MacQueen）在1967年提出的。

K均值聚类是一种将n个观测数据划分为k个聚类，使其中每个观测点都被分配给与它相距最近的聚类中心，其特点是简单、快速和稳定。

K均值聚类首先要确定的就是k的个数，以及指定初始的类的中心位置。然后不断迭代移动这些中心，直至满足指定要求。

与其他机器学习算法相同，K均值聚类依然是一个优化问题，其要求就是让下面的损失函数所求出的值达到最小：

$$\min \sum_{i=1}^{k} \sum_{x \in C_i} \|x - \mu_i\|_2^2 \qquad (12\text{-}4)$$

其中，样本集合为$\{x_1, x_2, \cdots, x_n\}$，针对聚类所得类的划分为$\{C_1, C_2, \cdots, C_k\}$，$\mu_i = \frac{1}{|C_i|} \sum_{x \in C_i} x$。

因此，k是一个超参数，至于如何更好地确定k，至今仍然没有公认的标准。另外，初始点的选择也是随机的。在k和初始点的问题得到解决后，就可以根据损失函数的不断迭代对样本点进行聚类了。

12.2.2 抽丝剥茧K均值

使用Python及Scikit-Learn库可以很方便地解决K均值聚类分析问题。然而，这样操作就如同坐着飞机去某地旅游，可直接到达目的地。虽然这种方式在时间上快于火车与汽车，但会错过许多沿途的风景。

这里的风景指的就是一步步实现结果的过程。不少读者还存在一个误区，认为学习人工智能，尤其是机器学习算法时，必须掌握 Python。其实，Python 只是众多工具中的一种，只因它在语言上具有某些优势，加上具有不少库的支持，所以在当下很受欢迎。纵观人工智能的发展历程，也曾有不少经典语言随着科技的发展逐步变得小众，最终从大众视域中消失。因此，工具始终是工具，思想才是恒久不衰的。其实，在学习层面，使用 Excel 也能掌握许多机器学习算法。下面的内容就使用 Excel 对 K 均值聚类抽丝剥茧。

第 1 步：获取数据。

利用 Excel 中的 "RANDBETWEEN" 命令随机生成横、纵坐标范围均在 50 以内的 12 个点，其中，横坐标为 x_1，纵坐标为 x_2，如表 12-1 所示。

表 12-1 随机生成的 12 个点

编号	x_1	x_2
1	9	23
2	42	17
3	39	12
4	23	49
5	49	15
6	46	8
7	20	38
8	29	22
9	25	34
10	14	10
11	1	28
12	18	22

绘制散点图，如图 12-5 所示。

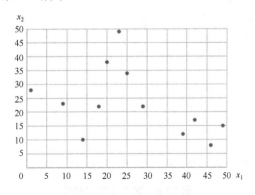

图 12-5 散点图

第 2 步：为 12 个数据点指定 2 个初始聚类中心。

初始聚类中心点一般可以随机生成，也可以指定某些点。此处选择随机生成初始中心点，仍按第 1 步生成样本点的方式生成(2, 45)和(11, 15)。

第 3 步：计算各点到初始聚类中心点的距离并将距离小的归为一类。

分类后的计算结果如表 12-2 所示。使用 Excel 的 SQRT 函数可以求出两点之间的距离，使用 IF 语句对 C_1 距离（表示点到第一个中心点的距离）和 C_2 距离（表示点到第二个中心点的距离）进行比较并取小，可以方便地为"本次类别"一列打上类别标签。

表 12-2　第 1 次计算结果

编号	x_1	x_2	C_1 距离	C_2 距离	前次类别	本次类别	类别改变
1	9	23	18.38	33.06	—	1	—
2	42	17	34.71	4.00	—	2	—
3	39	12	36.24	9.49	—	2	—
4	23	49	11.40	33.84	—	1	—
5	49	15	41.40	9.22	—	2	—
6	46	8	43.86	13.60	—	2	—
7	20	38	4.47	27.80	—	1	—
8	29	22	22.20	13.04	—	2	—
9	25	34	10.82	21.40	—	1	—
10	14	10	30.07	30.08	—	1	—
11	1	28	19.21	41.59	—	1	—
12	18	22	18.11	24.02	—	1	—

此时的中心点位置如图 12-6 所示，图中的"×"和"+"分别代表 2 个中心点，不同类别已使用不同颜色进行了标注，这就是第 1 次聚类结果。

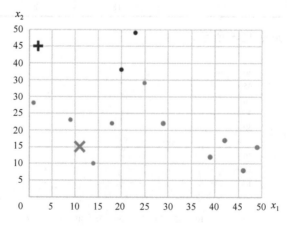

图 12-6　第 1 次聚类结果

第 4 步：利用已经标出的聚类样本分别求出横轴与纵轴的平均值，确定新的中心分别为(27.20, 19.10)和(21.50, 43.50)，再计算出各点到新中心的距离，就可以重新聚类。

如表 12-3 的第 2 次计算结果和图 12-7 的第 2 次聚类结果所示，此次迭代不但使中心位置发生了较大的变化，还将某些点的聚类进行了重新划分。在表 12-3 中，如果"类别改变"一项为 1，那么表示类别发生了改变；如果为 0，那么表示此次迭代没有改变聚类中的类别。

表 12-3 第 2 次计算结果

编号	x_1	x_2	C_1 距离	C_2 距离	前次类别	本次类别	类别改变
1	9	23	18.61	24.01	2	1	1
2	42	17	14.95	33.50	2	1	1
3	39	12	13.77	36.03	2	1	1
4	23	49	30.19	5.70	1	2	1
5	49	15	22.18	39.60	2	1	1
6	46	8	21.83	43.13	2	1	1
7	20	38	20.22	5.70	1	2	1
8	29	22	3.41	22.77	2	1	1
9	25	34	15.06	10.12	2	2	0
10	14	10	16.03	34.33	2	1	1
11	1	28	27.67	25.70	2	2	0
12	18	22	9.65	21.78	2	1	1

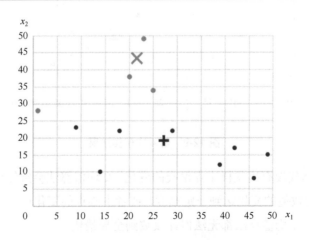

图 12-7 第 2 次聚类结果

第 5 步：重复第 4 步的过程，得到新的中心值和聚类标准。

相比于上一次聚类，本次无论是中心点还是聚类变动情况都已经不大，第 3 次聚类结果如图 12-8 所示。

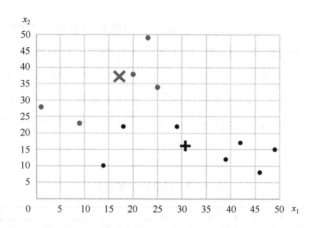

图 12-8　第 3 次聚类结果

第 6 步：继续重复之前计算中心值与距离进行聚类的操作。

可以发现，中心值坐标的变化已经很小，此次只有点(18, 22)的类型发生了变化，第 4 次聚类结果如图 12-9 所示。

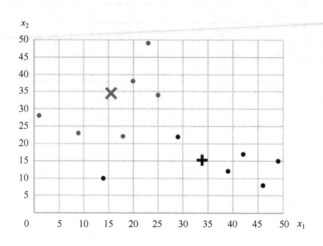

图 12-9　第 4 次聚类结果

之后的几次迭代没有出现样本点聚类的变化。K 均值算法会继续迭代，直至满足条件，比如，损失函数值的变化达到一定幅度，或者中心点的变化达到一定幅度等。但无论最终情况如何，K 均值算法都无法保证收敛到全局最优。

12.2.3　鸢尾花的 K 均值聚类

鸢尾花数据集（iris）是由现代统计学与现代演化论的奠基者之一的罗纳德·费雪

（Ronald Fisher）在 1936 年的论文《在分类问题中使用多重测量法》(*The use of mulfiple measurements in faxonomic problems*) 中引入的一个多元数据集，可作为线性判别分析的一个例子。

该数据集包括 3 种鸢尾花，分别是变色鸢尾（Iris Versicolor）、山鸢尾（Iris Setosa）和北美鸢尾（Iris Virginica），每种各 50 个样本。每个样本测量了 4 个特征：花萼长度、花萼宽度、花瓣长度、花瓣宽度，可以通过这些特征预测鸢尾花卉属于 3 种中的哪一种。

鸢尾花数据具有标签数据，下面的示例代码可将标签去掉，直接使用鸢尾花的特征进行聚类。由于已知存在 3 种鸢尾花，所以在分类中将 k 设为 3。

```python
import numpy as np
import matplotlib.pyplot as plt
%matplotlib inline
from sklearn.cluster import KMeans
from sklearn.datasets import load_iris

data = load_iris()                    #导入数据
x = data.data
X = x[:,:2]                           #取花萼长度与花萼宽度2个特征

plt.subplot(1,2,1)                    #画子图1
plt.scatter(X[:,0],X[:,1])            #将构建的数据点画出
plt.xlabel("Sepal Length")            #x 轴标签
plt.ylabel("Sepal Width")             #y 轴标签

#构建模型及预测
kmeans = KMeans(n_clusters=3)         #调用 K-Means 模型进行3簇聚类
kmeans.fit(X)                         #对数据进行学习
y_pred = kmeans.predict(X)            #预测结果
print(y_pred)                         #输出标签的预测结果

#模型评估
score=kmeans.inertia_                 #计算样本到其最近的聚类中心的平方距离的总和（簇内平方和）
print("簇内平方和为:",score)          #打印样本到其最近的聚类中心的平方距离的总和

plt.subplot(1,2,2)                    #画子图2
plt.scatter(X[:,0],X[:,1],c=y_pred)   #经过聚类后的散点图
plt.scatter(kmeans.cluster_centers_[:,0],kmeans.cluster_centers_[:,1],
            marker='*',c='r',linewidth=3) #画出中心点
plt.xlabel("Sepal Length")            #x 轴标签
```

```
plt.ylabel("Sepal Width")        #y轴标签
plt.show()
```

输出结果如下。

```
[2 2 2 2 2 2 2 2 2 2 2 2 2 2 2 2 2 2 2 2 2 2 2 2 2 2 2 2 2 2 2 2 2 2 2 2 2
 2 2 2 2 2 2 2 2 2 2 2 1 1 1 0 1 0 1 0 1 0 0 0 0 0 1 0 0 0 0 0 0 0 1 1 1 0 0 0 0 0 0
 0 0 1 0 0 0 0 0 0 0 0 0 0 0 0 0 1 0 1 1 1 1 0 1 1 1 1 1 1 0 0 1 1 1 1 0 1 0 1 0 1 1 0 0
 1 1 1 1 0 0 1 1 1 0 1 1 1 0 1 1 1 0 1 1 0]
簇内平方和为：37.05070212765958
```

对应生成的鸢尾花聚类结果图如图 12-10 所示。

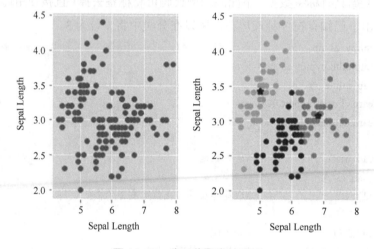

图 12-10　鸢尾花聚类结果图

12.3　案例：数据下的省（区、市）

12.3.1　提出问题

各位读者是否思考过应如何看待和评价一个城市？有些人可能会说环境非常美丽，还有些人会说经济水平发达，也有些人会说人文历史悠久等，站在不同的角度会给出不同的评价结果。如果要以某种综合指标对城市聚类，应该如何操作呢？

当然是要通过不同的视角获取能够衡量城市指标的数据。随着互联网、物联网、大数据和人工智能技术的发展，智慧城市正在极大地改善人们的生活、学习与工作。然而，采集、处理并分析这些大数据是一件十分复杂的事情，不是一个人或一个小团队就能解决的，只有像阿里巴巴、腾讯这样的企业才拥有海量的数据、算力及算法开发团队。

然而，无论数据如何庞大、算法如何改良，以及算力如何提升，其背后的原理都大同小异。本案例介绍了如何使用机器学习的相关算法对城市进行聚类。

12.3.2 数据获取与处理

访问国家统计局和地方统计局等相关官方网站可以获得历年全国及各省市的年鉴等二手资料[1]。选取共计 31 个省（区、市）2018 年的第一产业增加值（亿元）、第二产业增加值（亿元）、第三产业增加值（亿元）、居民人均可支配收入（元）、2018 年年末人口数（万人）、地方一般公共预算支出（亿元）、公共图书馆（个）、博物馆（个）、R&D 经费（万元）、普通高等学校学校数（所）共计 10 个与经济、科研和文化相关的指标，其中不包含香港、澳门和台湾地区的数据，分别使用变量 x_1 至 x_{10} 表示。将这些数据以行为样本、列为变量的形式整理成 regional data.csv 文件，如表 12-4 所示[2]。

表 12-4　2018 年 31 个省（区、市）经济、科研和文化相关数据

省（区、市）	x_1	x_2	x_3	x_4	x_5	x_6	x_7	x_8	x_9	x_{10}
北　京	119	5648	24554	62361	2154	7471	23	82	2740103	92
天　津	173	7610	11027	39506	1560	3103	29	65	2528761	56
河　北	3338	16040	16632	23446	7556	7726	173	134	3819916	122
山　西	741	7089	8988	21990	3718	4284	128	152	1312531	83
内蒙古	1754	6807	8728	28376	2534	4831	117	109	1033594	53
辽　宁	2033	10025	13257	29701	4359	5338	130	65	3006014	115
吉　林	1161	6411	7503	22798	2704	3790	66	107	575015	62
黑龙江	3001	4031	9330	22726	3773	4677	109	191	605680	81
上　海	104	9733	22843	64183	2424	8352	23	100	5548768	64
江　苏	4142	41249	47205	38096	8051	11657	116	329	20245195	167
浙　江	1967	23506	30724	45840	5737	8630	103	337	11473921	108
安　徽	2638	13842	13527	23984	6324	6572	126	201	4973027	119
福　建	2380	17232	16192	32644	3941	4833	91	128	5249417	89
江　西	1877	10250	9857	24080	4648	5668	113	144	2677714	102
山　东	4951	33642	37877	29205	10047	10101	154	517	14184975	145
河　南	4289	22035	21732	21964	9605	9218	160	334	5289250	139
湖　北	3548	17089	18730	25815	5917	7258	115	200	5255194	128
湖　南	3084	14454	18889	25241	6899	7480	140	121	5167217	124
广　东	3831	40695	52751	35810	11346	15729	143	184	21072031	152
广　西	3019	8073	9260	21485	4926	5311	116	131	891031	75

1　二手资料是指像年鉴、报告、报刊及期刊等已经按照某种目的收集并整理好的现有材料。

2　来源：国家统计局《中国统计年鉴 2019》。

续表

省（区、市）	x_1	x_2	x_3	x_4	x_5	x_6	x_7	x_8	x_9	x_{10}
海 南	1000	1096	2736	24579	934	1691	24	19	113708	20
重 庆	1378	8329	10656	26386	3102	4541	43	100	2992091	65
四 川	4427	15323	20929	22461	8341	9708	204	252	3423923	119
贵 州	2160	5756	6891	18430	3600	5030	98	91	762280	72
云 南	2499	6957	8425	20084	4830	6075	151	137	1070172	79
西 藏	130	628	719	17286	344	1971	81	7	8625	7
陕 西	1830	12157	10451	22528	3864	5302	111	294	2165554	95
甘 肃	921	2795	4530	17488	2637	3772	103	215	476151	49
青 海	268	1247	1350	20757	603	1647	51	24	67716	12
宁 夏	280	1650	1775	22400	688	1419	27	54	369910	19
新 疆	1692	4923	5584	21500	2487	5012	107	91	448779	50

在本案例中，因为选取的是官方二手资料，所以不必做数据清理工作，可以直接进行分析。

12.3.3 建模分析与结果

与前面介绍的鸢尾花数据聚类不同，此时并不知道应将各省（区、市）分为几类，很难确定 k 的取值。

```
import numpy as np
import pandas as pd
rd = pd.read_csv('regional data.csv')
X = rd.iloc[:,2:]
import matplotlib.pyplot as plt
from matplotlib import style
style.use('ggplot')
from sklearn.cluster import KMeans
%matplotlib inline
K=[]                         #空列表
Score=[]                     #空列表
for k in range(1,10):
    kmeans = KMeans(n_clusters=k)
    kmeans.fit(X)
    score = kmeans.inertia_   #簇内误差平方和
    K.append(k)               #空列表追加赋值
    Score.append(score)       #空列表追加赋值
plt.plot(K,Score,marker='o')  #画图
```

```
plt.xlabel('k')              #x 轴标签
plt.ylabel('Distortion')     #y 轴标签
plt.show()
```

输出结果如图 12-11 所示，在这种情况下，最优的聚类数可以采用手肘图呈现。

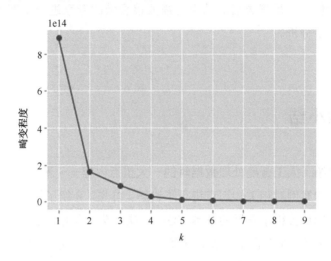

图 12-11　手肘图

当 k 从 1 增加到 2 时，畸变程度会迅速变大。而当 k 增加到 4 时，畸变程度下降最快。因此，应使用 $k=3$ 作为本次聚类的数量。值得一提的是，这里聚类数量的选取体现了一种经验性探索。

```
import numpy as np
import pandas as pd
rd = pd.read_csv('regional data.csv')
X = rd.iloc[:,2:]
#构建模型及预测
from sklearn.cluster import KMeans
kmeans = KMeans(n_clusters=3)         #调用 K-Means 模型进行 3 簇聚类
kmeans.fit(X)                          #对数据进行学习
y_pred = kmeans.predict(X)             #预测结果
print(y_pred)                          #输出标签的预测结果
```

输出结果如下。

[0 0 0 2 2 0 2 2 0 1 1 0 0 0 1 0 0 0 1 2 2 0 0 2 2 2 2 2 2 2 2]

根据分类结果可以看出，如果将这些省（区、市）分为 3 类，则北京、天津、河北、辽宁、上海、安徽、福建、江西、河南、湖北、湖南、重庆和四川等地为一类；江苏、浙江、山东和广东为一类；山西、内蒙古、吉林、黑龙江、广西、海南、贵州、云南、西藏、陕西、甘肃、青海、宁夏和新疆分为一类。

尽管对省（区、市）进行了分类，但是仍有三点需要注意：一是聚类的数量属于一种经验性探索，并不是说聚类结果只有三类；二是聚类的结果与选取的指标及数据密切相关，至于选取哪些指标，用作何种目的，需要该领域的专家进行判断，以上指标及数据的选取仅为示例；三是聚类后的结果也需要该领域的专家进一步解读，从中探索出规律，以便进一步分析。

12.4　本章小结

本章主要介绍了人工智能处理数据时的一大重点内容——聚类，并且通过一些实际生活中可能遇到的案例对相关知识点进行了讲解。首先，介绍了聚类的基本概念，通过一些常见的数学知识分析了聚类的基本方法。其次，详细讲解了聚类中的经典方法——K 均值聚类，通过鸢尾花数据集对 K 均值聚类进行了剖析。最后，展示了聚类分析应如何应用于实际，以我们身边的数据为例进行了聚类建模分析。

第 13 章 数据素养综合案例

13.1 综合案例一：利用人工智能爬取大数据，轻松掌握股市动态

13.1.1 认识人工智能网络爬虫

1. 什么是网络爬虫

大数据、人工智能时代的到来，颠覆了传统的股市操作模式。通过人工智能网络爬虫爬取股票大数据，能够轻松、快速、高效掌握股市的最新动态。那么，什么是人工智能网络爬虫？

网络爬虫是按照一定规则自动抓取网络信息的程序或脚本，其还有一些不常使用的名字，如蚂蚁、自动索引、模拟程序。简单来说，使用事先写好的程序（脚本）抓取所需要的网络数据，这样的程序就叫作网络爬虫。

网络爬虫可以分为通用网络爬虫（如搜索引擎式爬虫，根据几个 URL 的种子不断抓取数据）和聚焦网络爬虫（有选择性地抓取预先定义好的主题和相关页面的网络爬虫）。

（1）通用网络爬虫。

搜索引擎在抓取时就会使用爬虫，但是搜索引擎中的爬虫是一种广泛获取各种网页信息的程序。除了 HTML 文件，搜索引擎通常还会抓取和索引以文字为基础的多种文件类型，如 txt、word、pdf 等。对于图片、视频等非文字的内容，一般不会抓取。另外，对于脚本和一些网页中的程序也不会抓取。

（2）聚焦网络爬虫。

聚焦网络爬虫是针对某一特定领域的数据进行抓取的程序，如旅游网站、金融网站、招聘网站等。特定领域的聚焦网络爬虫会使用各种技术来处理我们需要的信息，所以对于网站中一些动态的程序，脚本仍会执行，以保证确定能抓取到网站中的数据。

2. 网络爬虫的用途

（1）解决冷启动问题。对许多社交网站来说，冷启动是十分困难的。对新注册的用户来说，若想要留住他们，首先要注入一批虚拟用户，构造社区氛围。一般这些虚拟用户可以是网络爬虫从微博或其他 App 中抓取过来的，今日头条等互联网媒体早期也使用了爬虫+网页排序的技术，它们解决冷启动的方式也是使用爬虫。

（2）搜索引擎的根基。对搜索引擎来说，爬虫是不可或缺的程序。

（3）建立知识图谱，即帮助建立机器学习的训练集。其中，维基百科是一个较好的数据集来源。

（4）对各类商品进行比价或趋势分析等。

（5）其他。例如，对淘宝网上竞争对手的数据分析、对微博的数据传递影响力分析、政府的舆情分析、人与人之间的关系分析等。

总而言之，在大数据时代，做任何价值分析的前提是数据，而爬虫则是实现这一前提的低成本、高收益的手段。

13.1.2 爬取股市大数据，分析需求

首先，获取沪深两市股票的"股票代码""股票名称""最高""最低""涨停""跌停""换手率""振幅""成交量"等信息。其次，将获取的信息存放在 Excel 文件中，将各项属性信息作为表头，每只股票的具体信息横向形成表格的一行，每个单元格存放一种信息。

13.1.3 爬取股市大数据案例

1. 确定爬取的网站

网站的选取原则有以下 3 点。

（1）网站包含所有沪深两市的股票信息。

（2）网站的 robots 协议允许非商业性目的的爬虫爬行。

（3）网站的源代码是脚本语言，而非 JavaScript。

在综合筛选后，我们最终选取股城网作为案例网站。

2. 选择爬取的工具

使用 Python 爬取信息,并且引用如表 13-1 中所示的第三方库。

表 13-1 Python 爬取信息时引用的第三方库

第三方库名称	功能简介及在本例中的作用
requests	用于 http 请求的模块,可以获取 HTML; 在本例中用于获取股城网 HTML
BeautifulSoup4	解析、遍历、维护"标签树"(如 HTML、XML 等格式的数据对象)的功能库; 在本例中用于解析目标对象,获得股票信息
re	拥具有强大的正则表达式工具,允许快速检查给定字符串是否与给定的模式匹配; 在本例中用于查找匹配股票代码格式的字符串,提取股票代码
xlwt	支持使用 Python 对 Excel 表格进行操作; 在本例中用于存储爬取的信息
time	提供了处理日期、时间的函数,建立在 C 盘运行时库的简单封装; 在本例中用于计算程序运行所耗费的时间

3. 实现步骤

通过以下 5 步实现数据爬取和需求分析。

(1)向爬取对象发送 http 请求,获取 HTML 文本。

(2)获取所有股票代码并存入列表,用于生成单只股票的 URL。

(3)爬取每只股票的网页并进行解析,将解析出的信息存入字典。

(4)将股票信息存入 txt 文件。

(5)将 txt 文件转换为 Excel 文件。

4. 案例源码参考

示例代码如下。

```
file = open("D:\\Jupyter 练习\\cs1.csv","r",encoding = "UTf-8")
ls =[]
for line in file:
    line = line.replace("\n","")
    ls.append(line.split(","))
print(ls)    #此时 ls 是二维数据
for line in ls:
    line=",".join(line)
    print(line)
file.close()
#CrawGuchengStocks.py
import requests
```

```python
from bs4 import BeautifulSoup
import re          #引入正则表达式库，以便后续提取股票代码
import xlwt        #引入 xlwt 库，对 Excel 文件进行操作
import time        #引入 time 库，计算爬虫总共花费的时间
def getHTMLText(url,code="utf-8"):    #获取 HTML 文本
    try:
        r = requests.get(url)
        r.raise_for_status()
        r.encoding = code
        return r.text
    except:
        return ""

def getStockList(lst,stockURL):          #获取股票代码列表
    html = getHTMLText(stockURL,"GB2312")
    soup = BeautifulSoup(html,'html.parser')
    a = soup.find_all('a')               #得到一个列表
    for i in a:
        try:
            href = i.attrs['href']       #股票代码都存放在 href 标签中
            lst.append(re.findall(r"[S][HZ]\d{6}",href)[0])
        except:
            Continue
def getStockInfo(lst,stockURL,fpath):
    count = 0
    #lst = [item.lower() for item in lst]   #股城网的 URL 是大写，不用切换为小写
    for stock in lst:
        url = stockURL + stock + "/"    #URL 为单只股票的 URL
        html = getHTMLText(url)         #爬取单只股票网页，得到 HTML
        try:
            if html=="":                #若爬取失败，则继续爬取下一只股票
                continue
            infoDict = {}
            soup = BeautifulSoup(html,'html.parser')
            stockInfo = soup.find('div',attrs={'class':'stock_top clearfix'})
            name = stockInfo.find_all(attrs={'class':'stock_title'})[0]
            infoDict["股票代码"] = name.text.split("\n")[2]
            infoDict.update({'股票名称':name.text.split("\n")[1]})
            keyList = stockInfo.find_all('dt')
            valueList = stockInfo.find_all('dd')
            #股票信息都存放在 dt 和 dd 标签中，使用 find_all 生成列表
            for i in range(len(keyList)):
                key = keyList[i].text
```

```python
                val = valueList[i].text
                infoDict[key] = val
            #将信息的名称和值作为键值对，存入字典
            with open(fpath,'a',encoding='utf-8') as f:
                f.write( str(infoDict) + '\n' )
            #每只股票信息为一行，将其输入文件
            count = count + 1
            print("\r 爬取成功，当前进度:{:.2f}%".format(count*100/len(lst)),end="")
        except:
            count = count + 1
            print("\r 爬取失败，当前进度:{:.2f}%".format(count*100/len(lst)),end="")
            Continue

def get_txt(): #将爬取的数据保存在 txt 文件中
    output_file = '\\练习项目\\ python 爬虫\\GuChengStockInfoTest.txt'
    slist=[]
    getStockList(slist,stock_list_url)
    getStockInfo(slist,stock_info_url,output_file)


def T_excel(file_name,path):      #将 txt 文件转换为 Excel 文件
    fo = open(file_name,"rt",encoding='utf-8')
    file = xlwt.Workbook(encoding='utf-8', style_compression=0)
    #创建一个 Workbook 对象，这相当于创建了一个 Excel 文件
    #Workbook 类在初始化时有 encoding 和 style_compression 参数
    #若 w = Workbook(encoding='utf-8')，则可以在 Excel 中输出中文
    sheet = file.add_sheet('stockinfo')
    line_num = 0      #初始行用于添加表头

    #为 Excel 文件添加表头
    title = ['股票代码','股票名称','最高','最低','今开','昨收',
             '涨停','跌停','换手率','振幅','成交量','成交额',
             '内盘','外盘','委比','涨跌幅','市盈率(动)','市净率',
             '流通市值','总市值']
    for i in range(len(title)):
        sheet.write(0,i,title[i])

    for line in fo:
        stock_txt = eval(line)
        #print(stock_txt)
        line_num += 1      #每遍历一行 txt 文件，line_num 加 1
        keys = []
        values = []
        for key,value in stock_txt.items():
```

```python
            #遍历字典项，并且将键和值分别存入列表
            keys.append(key)
            values.append(value)
    #print(keys,values,len(values))

        for i in range(len(values)):
            #sheet.write(0, i, keys[i])
            sheet.write(line_num,i,values[i])    #在第 line_num 行写入数据
            i = i+1
    file.save(path)       #将文件保存在 path 路径中

def main():
    start = time.perf_counter()
    get_txt()
    txt = "\\练习项目\\ python 爬虫\\GuChengStockInfoTest.txt"
    excelname = '\\练习项目\\ python 爬虫\\GuChengStockInfoTest.xls'
    T_excel(txt,excelname)
    time_cost = time.perf_counter() - start
    print("爬取成功,文件保存路径为:\n{}\n,共用时:{:.2f}s".format(excelname,time_cost))
main()
```

在本代码中未提供网页链接，感兴趣的读者可以自行尝试。运行代码后输出的数据如图 13-1 所示。

A	B	C	D	E	F	G	H	I	J	K	L	M	N	O	P	Q	R	S	T
股票代码	股票名称	最高	最低	今开	昨收	涨停	跌停	换手率	振幅	成交量	成交额	内盘	外盘	委比	涨跌幅	市盈率(动	市净率	流通市值	总市值
000002	万科A	28.19	27.82	27.87	28.02	24.95	20.41	0.32%	1.32%	30.73万	86154.63万	15.46万	15.26万	48.71%	0.39%	70.93	70.93	2732.88亿	3179.29亿
000001	平安银行	12.99	12.78	12.93	12.92	9.60	7.86	0.37%	1.63%	63.49万	81674.09万	34.8万	28.69万	-10.46%	-0.54%	7.41	7.41	2206.38亿	2206.4亿
019583	18国债01	0.00	0.00	0.00	103.00	0.00	0.00	0.00%	0.00%	0万	0万	0万	0万	0.00%	0.00%	0.00	0.00	0亿	0亿
200152	山航B	9.58	9.47	9.47	9.58	13.73	11.23	0.05%	1.15%	0.07万	62.23万	0.04万	0.02万	12.97%	-0.63%	23.98	23.98	13.33亿	38.08亿
000001	平安银行	12.99	12.78	12.93	12.92	9.60	7.86	0.37%	1.63%	63.49万	81674.09万	34.8万	28.69万	-10.46%	-0.54%	7.41	7.41	2206.38亿	2206.4亿
000002	万科A	28.19	27.82	27.87	28.02	24.95	20.41	0.32%	1.32%	30.73万	86154.63万	15.46万	15.26万	48.71%	0.39%	70.93	70.93	2732.88亿	3179.29亿
000004	国农科技	21.88	21.35	21.88	21.40	19.51	15.97	1.00%	2.48%	0.83万	1787.47万	0.51万	0.32万	91.61%	0.09%	84.05	84.05	17.76亿	17.99亿
000005	世纪星源	3.33	3.16	3.16	3.17	3.80	2.54	5.36%	12.37%	3991.57万	5.62万	6.75万	34.23%	2.52%	-48.45	-48.45	34.38亿	34.4亿	
000006	深振业A	5.76	5.67	5.67	5.73	5.96	4.88	0.74%	1.57%	10.01万	5727.37万	3.99万	6.02万	-48.81%	0.52%	17.53	17.53	77.63亿	77.76亿
000007	全新好	6.80	6.60	6.70	6.78	15.31	12.53	1.85%	2.95%	5.77万	3799.13万	2.48万	3.68万	2.03%	5.19%	-64.80	-64.80	20.55亿	23.04亿
000008	神州高铁	4.05	3.99	4.02	4.02	5.40	4.46	0.74%	1.49%	19.28万	7754.24万	10.59万	8.09万	0.00%	0.00%	238.04	238.04	104.48亿	111.79亿
000009	中国宝安	5.95	5.75	5.78	5.81	5.47	4.47	1.26%	3.44%	25.41万	14935.98万	11.43万	13.98万	-28.91%	1.72%	48.05	48.05	125.28亿	127.03亿
000010	美丽生态	2.93	2.83	2.83	2.92	4.75	3.89	0.76%	3.42%	3.97万	1142.58万	1.82万	2.15万	-28.03%	-0.34%	206.99	206.99	15.2亿	23.86亿
000011	深物业A	10.42	10.27	10.38	10.34	10.96	8.96	1.39%	1.45%	2.45万	2532.46万	1.41万	1.04万	43.54%	-0.29%	19.57	19.57	18.11亿	61.39亿
000012	南玻A	4.80	4.67	4.69	4.67	5.26	4.30	0.70%	2.78%	12.35万	5862.93万	5.4万	6.96万	-54.90%	2.78%	25.99	25.99	85.27亿	137.44亿
000014	沙河股份	10.13	9.93	9.97	9.97	13.78	11.28	1.68%	2.01%	3.38万	3385.03万	1.62万	1.76万	-51.62%	0.70%	-74.88	-74.88	20.25亿	20.25亿
000016	深康佳A	4.51	4.46	4.46	4.47	5.29	4.33	0.78%	1.12%	12.38万	5550.05万	6.53万	5.84万	-7.88%	0.45%	31.59	31.59	71.69亿	108.12亿
000017	深中华A	4.66	4.51	4.55	4.55	3.84	3.14	1.17%	3.30%	3.55万	1631.01万	1.96万	1.59万	-16.43%	1.32%	-1732.50	-1732.50	13.97亿	25.42亿
000018	神州长城	1.61	1.55	1.56	1.58	3.52	2.88	2.83%	3.80%	28.14万	4471.65万	16.18万	11.96万	-27.06%	0.63%	-5.23	-5.23	15.83亿	27亿
000019	深深宝A	7.75	7.67	7.75	7.55	10.63	8.69	1.99%	3.05%	8.27万	6319.47万	3.82万	4.45万	25.15%	1.19%	18.14	18.14	31.78亿	28.09亿
000020	深华发A	12.09	11.94	12.09	12.08	13.84	11.32	0.48%	1.24%	0.88万	1050.34万	0.53万	0.34万	12.92%	-0.17%	3306.09	3306.09	21.85亿	34.15亿
000021	深科技	8.11	7.98	8.11	8.12	7.49	6.13	1.11%	1.60%	16.26万	13068.52万	9.97万	6.29万	-12.95%	-0.99%	28.48	28.48	118.14亿	118.29亿
000022	深赤湾A	0.00	0.00	0.00	16.46	19.13	15.65	0.00%	0.00%	0万	0万	0万	0万	-7.03%	0.00%	48.85	48.85	76.52亿	295.2亿
000023	深天地A	13.93	13.60	13.93	13.88	14.44	11.82	3.01%	2.38%	4.18%	5722.03万	2.53万	1.64万	-21.56%	-1.37%	31.88	31.88	19亿	19亿
000025	特力A	22.73	20.52	20.84	20.66	34.56	28.28	1.52%	10.70%	5.98万	13260.53万	4.08万	1.9万	53.73%	10.02%	135.95	135.95	89.28亿	97.78亿
000026	飞亚达A	8.03	7.84	7.85	7.88	9.04	7.40	0.71%	2.41%	2.53万	2006.96万	1.73万	1.32万	-13.18%	0.76%	13.66	13.66	36.22亿	35.17亿
000027	深圳能源	6.25	6.19	6.20	6.22	5.30	4.34	0.14%	0.96%	5.77万	3546.92万	2.62万	3.08万	-44.57%	0.16%	16.78	16.78	246.99亿	246.99亿
000028	国药一致	45.91	43.63	44.00	43.90	50.41	41.25	0.93%	5.19%	2.87万	12870.37万	1.56万	1.31万	15.59%	4.53%	16.36	16.36	196.47亿	196.47亿
000029	深深房A	0.00	0.00	0.00	11.17	12.29	10.05	0.00%	0.00%	0万	0万	0万	0万	0.00%	0.00%	33.62	33.62	99.6亿	113亿
000030	富奥股份	5.13	5.05	5.05	5.11	8.25	6.75	0.18%	3.15%	1600.83万	1.89万	1.26万	-45.83%	0.00%	11.36	11.36	89.76亿	92.52亿	
000031	中粮地产	7.07	6.86	6.95	6.97	5.13	1.94%	3.01%	18.56万	12934.62万	9.31万	9.25万	12.45%	0.29%	5.73	5.73	66.85亿	274.42亿	
000032	深桑达A	8.84	8.65	8.70	8.74	8.43	6.89	0.53%	2.17%	2.19万	1919.47万	0.98万	1.21万	4.62%	1.03%	33.20	33.20	36.28亿	36.49亿
000034	神州数码	13.75	13.52	13.72	13.64	17.26	14.12	0.87%	1.69%	4.27%	5838.37万	2.24万	2.04万	34.62%	0.29%	16.43	16.43	66.96亿	89.48亿
000035	中国天楹	4.64	4.57	4.61	4.61	5.09	4.17	1.52%	5.32%	2454.34万	2.62万	2.73万	-12.84%	0.43%	35.31	35.31	59.31亿	112.91亿	
000036	华联控股	7.46	7.25	7.29	7.29	6.68	5.46	0.81%	2.88%	9.17万	6774.83万	4.34万	4.84万	-5.68%	1.78%	7.79	7.79	84.25亿	84.7亿

图 13-1 运行代码后输出的数据[1]

---

[1] 该数据来自股城网。

13.2 综合案例二：人工智能数据——体型分析

智慧医疗系统、智能交通控制、5G 物联网与智能家居、天气预报、视频监控安全等众多领域都需要对物体进行分类。本节将介绍分类算法的原理，接着介绍如何使用该算法通过身高和体重数据对体型进行分类。

13.2.1 K 最邻近分类算法原理

1. K 最邻近分类算法概述

K 最邻近（KNN）分类算法是在数据挖掘分类技术中最简单的方法之一。所谓 K 最近邻，意为 K 个最近的"邻居"，是指每个样本都可以用它最接近的 K 个"邻居"来代表。Cover 和 Hart 在 1968 年提出了最初的邻近算法。KNN 是一种分类算法（Classification），它属于基于实例的学习（Instance-Based Learning），也是一种懒惰学习（Lazy Learning），即 KNN 没有显式的学习过程，也就是说，没有经历训练阶段，数据集事先就已有了分类和特征值，待收到新样本后可直接进行处理。其与急切学习（Eager Learning）相对应。

KNN 分类算法通过测量不同特征值之间的距离进行分类。其分类思路是：如果一个样本在特征空间中的 K 个最邻近的样本，大多数属于某一类别，那么该样本也被划分入这个类别。在 KNN 算法中，所选择的"邻居"都是已经被正确分类的对象。该算法在定类决策上只依据最邻近的一个或几个样本的类别来确定待分样本的类别。

提到 KNN 分类算法，在网络上最常见的说明图如图 13-2 所示，其中，圆点为绿色，方块为蓝色，三角为红色。

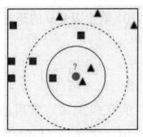

图 13-2 KNN 分类算法说明图

若要确定目标圆点属于哪个颜色（红色或蓝色），首先需要选出与目标圆点距离最近的 K 个点，看这 K 个点大多数是什么颜色。当 K 的取值为 3 时，就可以看出距离目标圆点最近的 3 个点分别是红色、红色、蓝色，因此，得到目标圆点应为红色。

2. 关于算法的描述

（1）计算测试数据与各训练数据（假设全部数据为 n）之间的距离。
（2）按照距离的递增关系排序。
（3）选取距离最小的 K 个点。
（4）确定前 K 个点所在类别的出现频率。
（5）返回前 K 个点中出现频率最高的类别，将其作为测试数据的预测分类。

3. 关于 K 的取值

K 表示临近数，即在预测目标点时选取多少个临近的点进行预测。K 值的选取非常重要。如果 K 的取值过小，一旦存在噪声，预测将会受到较大影响，例如，当 K 取值为 1 时，一旦距离最近的一个点是噪声，那么就会出现偏差。K 值的减小意味着整体模型将会变得复杂，容易发生过拟合。如果 K 的值取过大，那么相当于使用了较大邻域中的训练实例进行预测，学习的近似误差会增大。这时，与输入目标点相距较远的实例也会对预测产生影响，使预测出现错误。K 值的增大意味着整体模型将会变得简单。

如果 $K=n$，那么就要选取全部实例，即选取实例的某一分类下最多的点，这对预测来说已不具有实际意义。

另外，K 在取值时尽量选取奇数，以保证在计算结果后能产生一个较多的类别。如果取值为偶数，则可能会出现多个类别相等的情况，不利于预测。

4. K 的取值

常用的方法是从 $K=1$ 开始逐一尝试，使用检验集估算分类器的误差率。重复该过程，每次 K 增加 1，就增加一个"邻居"，最终选取结果中产生最小误差率的 K。

一般来说，K 的取值不超过 20，其上限是 n 的开方。随着数据集的增大，K 的取值也同步增大。

5. 距离的选取

距离就是在平面上两个点的直线距离。常用的距离度量方法有：欧氏距离（Euclidean Distance）、余弦值（cos）、相关度（Correlation）、曼哈顿距离（Manhattan Distance）等。

KNN 分类算法的基本思路是在已分好类的样本空间中查找一个与未知样本最相似（或距离最近）的样本，然后根据这个样本对未知样本进行分类。其分类基本步骤如下。

(1)计算在样本空间中所有样本与未知样本的距离。
(2)将通过上一步计算得出的所有距离按升序排列。
(3)确定并选取与未知样本距离最小的前 K 个样本。
(4)统计选取的 K 个点的所属类别出现的频率。
(5)将出现频率最高的类别作为预测结果,即未知样本的所属类别。

简单来说,KNN 分类算法是通过测量不同特征值之间的距离对待分类样本进行分类。

- 优点:精度高,对异常值不敏感,无须设定输入数据。
- 缺点:时间复杂度高,空间复杂度高。
- 适用数据范围:数值型和标称型。

13.2.2 使用 KNN 分类算法对体型进行分类的案例

对于特定的身高而言,一个人的体重若处于某个设定的范围内,则属于正常体型;若体重过大,则属于稍胖、过胖或太胖;若体重过小,则属于偏瘦或太瘦。一般来说,过于肥胖或过于瘦弱都是不健康的,应适当注意饮食、加强锻炼并注意睡眠。

下面的代码使用了在 Scikit-Learn 扩展库的 neighbors 模块中已经封装好的 KNN 分类算法(KNeighborsClassifier)。首先使用已知数据对模型进行训练,其次使用训练好的模型对未知样本进行分类。训练数据越准确、数据量越大,训练出来的模型越好,对未知样本的分类也越准确。

示例代码如下。

```
import numpy as np
from sklearn.neighbors import KNeighborsClassifier

#已知样本数据,每个样本包括性别、身高、体重,以及对应的体型标签
knownData = ((1,180,85),(1,180,86),(1,180,90),
             (1,180,100),(1,185,120),(1,175,70),
             (1,175,60),(1,170,60),(1,175,90),
             (1,175,100),(1,185,90),(1,185,80))
knownTarget = ('稍胖','稍胖','稍胖',
               '过胖','太胖','正常',
               '偏瘦','正常','过胖',
               '太胖','正常','偏瘦')
#创建并训练模型,设置参数 K 为 3
```

```
#参数 weights='distance'表示使用欧几里德公式计算距离
clf = KNeighborsClassifier(n_neighbors=3,weights='distance')
clf.fit(knownData,knownTarget)


unKnownData = [(1,180,70),(1,160,90),(1,170,85)]
#对未知样本进行分类
for current in unKnownData:
    print(current,end=' :')
    current = np.array(current).reshape(1,-1)
    print(clf.predict(current))
```

输出的结果如下。

(1,180,70): ['正常']
(1,160,90): ['过胖']
(1,170,85): ['稍胖']

13.3 其他案例集

读者在学习了前面的内容后,应该具有了一定的 Python 基础,现在再给出一些案例,读者可边阅读边尝试计算。

13.3.1 计算生肖

【例 13.3.1】输入出生日期,计算生肖。

【程序分析】

(1) 生肖可以通过出生日期计算得出,为此要先调用 Python 内置的 iput()函数输入出生日期,通过调用 timestrptime()函数将日期字符串解析为时间元组,并且从元组中分别取出年、月、日的数值。

(2) 十二生肖可以根据年份除以 12 所得的余数来对应判断,即 0(猴)、1(鸡)、2(狗)、3(猪)、4(鼠)、5(牛)、6(虎)、7(兔)、8(龙)、9(蛇)、10(马)、11(羊),这一步骤可通过使用多分支 if-elif-else 语句测试该余数实现。

13.3.2 猜数游戏

【例13.3.2】编写一个猜数游戏，生成一个1～100的随机数作为秘密数字，允许猜测6次。通过键盘输入猜测的数字，程序提示猜测数字与正确数字相比是高还是低，最后输出游戏结果。

【程序分析】在编写此猜数游戏时，需要先导入random模块，通过调用random.randint(1,100)函数生成一个随机数。通过while循环完成6次猜数，循环条件是猜测的数字与秘密数字不相等且猜测次数小于6。接下来为这个while循环添加else子句，最终在循环结束后执行else子句，输出游戏结果。

13.3.3 二维列表排序

【例13.3.3】创建一个5行、10列的二维列表，使用随机数初始化列表元素，然后对二维列表进行排序，求出最小元素、最大元素及所有元素之和。

【程序分析】二维列表可被视为以元素为列表类型的一维列表，二维列表可以通过解析嵌套的列表生成。可以通过嵌套的for循环遍历二维列表，外层循环执行一次则处理一行，内层循环执行一次则处理一列。若要计算二维列表之和、最小元素、最大元素并对二维列表进行排序，则可以先将二维列表的元素存入一个一维列表中，通过调用列表成员完成相应的操作，再利用一维列表的元素实现对二维列表的元素的修改。

13.3.4 学生信息录入

【例13.3.4】创建一个简单的学生信息录入程序，用于输入学生的姓名、性别和年龄信息，并且以字符串形式输出学生信息。

【程序分析】可以将学生信息存储在一个列表中，列表包含若干个字典，在字典中使用中文作为关键字，分别用于存储学生的姓名、性别和年龄。从空列表开始，通过一个条件恒真的while循环录入上述数据，每循环一次则创建一个新字典。将数据录入字典，并且在字典中添加3个元素，然后将该字典添加到列表中。在录入一条学生信息后就可以选择是继续还是退出，按N键结束循环，输出录入结果。通过for循环遍历字典中的所有关键字，以显示字段标题；通过嵌套的for循环输出字段值，每执行一次外层循环则处理一个字典对象，每执行一次内层循环则输出字典中的一个值。

13.3.5 打印回文素数(合数)

【例 13.3.5】打印 10000 以内的回文素数(合数)。

【程序分析】素数也被称为合数,是指大于 1 的自然数,其特点是除了 1 和其本身,不再有其他因数。若要判断一个自然数 n 是否为素数,可以编写一个函数,即通过一个 for…in range() 循环语句,使用 $2-\sqrt{n}+1$ 范围内的自然数对 n 进行整除,如果能够整除,则 n 不是素数,如果这组自然数都不能整除 n,则 n 就是素数。

回文数是指无论正序(从左向右)还是倒序(从右向左)阅读,读起来都一样的自然数,例如,1234321 就是回文数,1234567 则不是回文数。若要判断一个自然数是否为回文数,也可编写一个函数,即通过数据类型转换和字符串切片得到倒序的自然数。如果倒序的自然数与原来的自然数相等,那么就是回文数;反之,则不是回文数。

13.3.6 数据库加密

【例 13.3.6】将用户密码加密后保存在数据库中。

【程序分析】如果用户密码未经加密就直接以明文形式存储在数据库中,那么就存在潜在的安全风险。数据库一旦泄露,可能会造成很大的损失。如果想要对用户密码进行加密,可以使用 Python 标准模块 hashlib 中的相关函数,其主要步骤包括:①生成 MD5 哈希对象;②将字符串形式的用户密码转换为字节对象;③使用该字节对象更新 MD5 哈希对象;④以十六进制数字字符串的形式返回摘要值。在用户注册时,要先将字符串转换为摘要值,然后再存入数据库;在用户登录时,则要将输入的密码转换为摘要值,并且与数据库中的摘要值进行比较。

13.3.7 计算圆台的体积和表面积

【例 13.3.7】输入圆台两个半径 r_1 和 r_2,以及高度 h,计算圆台的体积 V 和表面积 S。

【程序分析】通过数学分析可知,设圆台的下底半径为 r_1,上底半径为 r_2,高度为 h,母线为 l,则圆台的体积 V 和表面积 S 的计算公式分别为:

$$V = \frac{1}{3}\pi h\left(r_1^2 + r_2^2 + r_1 r_2\right) \tag{13-1}$$

$$S = \pi\left(r_1^2 + r_2^2 + r_1 l + r_2 l\right) \tag{13-2}$$

其中，
$$l = \sqrt{(r_1 - r_2)^2 + h^2} \tag{13-3}$$

为了便于计算圆台的体积和表面积，可以先定义一个类，通过构建该类对两个半径和高度进行设置，而体积和表面积则可以通过上述公式计算得出。

13.4 本章小结

本章主要通过案例介绍了网络爬虫及股市大数据案例、K 最邻近值分类算法原理，以及使用其进行体型分类的案例，最后使用 Python 对 7 个典型案例进行处理，以巩固前面学习到的 Python 编程知识。

反侵权盗版声明

电子工业出版社依法对本作品享有专有出版权。任何未经权利人书面许可，复制、销售或通过信息网络传播本作品的行为；歪曲、篡改、剽窃本作品的行为，均违反《中华人民共和国著作权法》，其行为人应承担相应的民事责任和行政责任，构成犯罪的，将被依法追究刑事责任。

为了维护市场秩序，保护权利人的合法权益，我社将依法查处和打击侵权盗版的单位和个人。欢迎社会各界人士积极举报侵权盗版行为，本社将奖励举报有功人员，并保证举报人的信息不被泄露。

举报电话：（010）88254396；（010）88258888

传　　真：（010）88254397

E-mail：dbqq@phei.com.cn

通信地址：北京市万寿路173信箱

　　　　　电子工业出版社总编办公室

邮　　编：100036